edition atelier

CLAUDIA ENDRICH

DAS NÄCHSTE MAL BLEIB ICH DAHEIM

UMWELTBEWUSSTSEIN IM GEPÄCK

EDITION ATELIER WIEN

Für uns alle, die meistens das Beste wollen,
deshalb aber oft etwas ganz Dummes tun.

»Wenn man für ein paar Tage die Möbel umstellt, kann man ganz billig Urlaub machen.« - Das Känguru

(Marc-Uwe Kling: »Das Känguru-Manifest«, Kapitel 5)

INHALT

EINPACKEN

ENDE, ANFANG UND MITTELPUNKT EINER REISE

Ich hasse Flughäfen. Ganz ehrlich, wer verbringt gerne seine Zeit an diesen Orten der menschlichen Entwürdigung, wo dem durchschnittlichen Bobo der westlichen Welt – also Menschen wie mir – alles vorenthalten wird, was ihm lieb und teuer ist? Effizienz, Komfort, Freiheit, unverpackte Bio-Fairtrade-Lebensmittel und natürlich: unlimitiertes WIFI. Um es mit Marc-Uwe Kling zu sagen: »Flughäfen sind die Versuchslaboratorien unserer Gesellschaft. Dort wird ausgetestet, was sich die Menschen alles bieten lassen.«[1] Überteuertes, in Plastik gehülltes Industrieessen, unbequeme oder gar keine Sitzmöglichkeiten, ewige Wartezeiten und Kontrollen, Kontrollen, Kontrollen. Flughäfen sind die höchste Form der Nicht-Orte, wie Marc Augé diese Durchgangsräume des Lebens bezeichnet.

Der Aeropuerto de Madrid bildet in alldem keine Ausnahme, stelle ich fest. Nachdem ich mich mit meinen zwei riesigen Rucksäcken mit der U-Bahn hergequält habe, stehe ich nun am Check-in-Schalter der Billigairline, die als einzige einen Direktflug von Europa nach Lima angeboten hat, Schlange. Die Dame am Schalter verlangt von mir eine Ausreisebestätigung, da ich nur den Hinflug gebucht habe. »No tengo ... pero no necesito eso, no?«, versuche ich in meinem etwas unsicheren Spanisch zu erklären. Gesetzlich nein, bei

1 Kling, Marc-Uwe: *Die Känguru-Offenbarung*, Ullstein, Berlin 2014

dieser Fluglinie ja, erklärt sie mir. Na super. Sie schickt mich zu einem jungen Franzosen mit Rucksack, der neben dem Check-in-Schalter bereits nervös in sein Handy tippt. Er hat das gleiche Problem und wir buchen online beide kurzerhand eine Busreise von Peru nach Bolivien in drei Monaten. Fünf Minuten später halte ich der Dame die Reservierungsbestätigung vor die Nase und sie ist zufrieden. Weitere fünf Minuten darauf storniere ich die Buchung wieder. Was für eine sinnfreie Aktion. Ich habe jetzt schon keine Lust mehr auf diese Reise. Am Securitycheck soll ich meine Schuhe ausziehen. Solche unangenehmen Momente gehen inzwischen spurlos an mir vorüber, da sage noch einer, wir stumpfen bei allem nicht früher oder später ab.

Es folgt die Passkontrolle. In diesen Momenten muss ich immer an Stefan Zweig denken, der sich eine Welt ohne Grenzen und ohne Pässe gewünscht hat. Ich wäre sofort dabei. Am liebsten würde ich die pflichtbewusste Grenzpolizistin in ihrem Glaskasten in ein Gespräch verwickeln: »Wussten Sie, dass es Reisepässe eigentlich erst seit gut hundert Jahren gibt? Davor konnten sich die Menschen in Europa völlig frei bewegen, ganz ohne ihre Identität beweisen zu müssen. In Wirklichkeit ja auch absurd, dass jemand seine Identität beweisen muss. Ich stehe ja hier, das beweist doch schon, dass ich existiere und jemand bin, oder? Wie denken Sie darüber?« Ich vermute, ihr Gesichtsausdruck wäre als Antwort ungefähr genauso gleichgültig wie jener, mit dem sie mir nun eine gute Reise wünscht. Endlich erreiche ich mein Gate. Mit der von meinem Vater anerzogenen Überpünktlichkeit an Flughäfen komme ich hier normalerweise schon eine Stunde vor dem Abflug an, diesmal sind es nur noch fünfzehn Minuten bis zum Boarding. Aber wann hat ein Boarding schon jemals pünktlich begonnen? Ich habe also noch etwas Zeit, um mir einen Kaffee zu holen. Welche Optionen gibt es in Sichtweite? Natürlich nur Starbucks. Ich zögere. Diesem verantwortungslosen Konzern mein Geld geben, auch nur für einen einzigen Kaffee? Es schmerzt mich innerlich und ich beneide die Menschen rund um mich, die anscheinend völlig ohne schlechtes Gewissen ihre Bestellung aufgeben. »Jetzt dafür erst recht!«, denke ich mir und bestelle den über der Kasse angepriesenen neuen »Cappuccino Freddo«. Ich freue mich auf meine koffeinhaltige, neoliberalistische Sünde, und als schließlich mein Name von der Theke erklingt – »Claudia?« –, hole ich mir gleich die Strafe für diese Entscheidung ab. Plastikbecher, Plastikdeckel, Plastikstrohhalm. Doch das Schlimmste ist der Inhalt: fünfundachtzig Prozent Eis, vierzehn Prozent Milch, maximal ein Prozent Kaffee. Die dicht gedrängt liegenden Eiswürfel erlauben mir kaum, die überteuerte Plörre mit dem Strohhalm durchzumischen. Nach nur zwei Minuten ist der »Cappuccino« weg, das ganze Eis noch da und ich pfeffere den großen Haufen an Energie- und Ressourcenverschwendung frustriert zu den anderen hundert Bechern in den Mülleimer. »Nie wieder Starbucks, auch nicht am Flughafen«, schwöre ich mir. Die nächste Schlange erwartet mich beim Boarding. Warum wandern wir eigentlich immer freiwillig durch diese leeren, s-förmigen Wartelinien? Angeblich sollen sie Ordnung schaffen, vor allem aber stellen sie den maximalen Gehweg auf minimalem Raum her. Während ich warte, habe ich viel Zeit, um den Gesprächen rund um mich zu lauschen. Die deutsche Familie freut sich, dass der Flug so billig war. Müssen die ihr eigenes Klischee echt unbedingt bestätigen, wenn ich gerade zuhöre? Ein paar peruanische Rich-Kids, geschniegelte Jungs um die siebzehn mit Polohemden und neuen iPhones, reden über *Chicas* und die Eliteschulen in Frankreich, die sie kürzlich anscheinend besichtigt haben. Die Frau, neben der ich schließlich im Flieger meinen Platz finde, erklärt am Telefon auf Spanisch noch schnell jemandem ein Kochrezept. Der Flugzeug-Old-

timer ruckelt ordentlich beim Start, die Frau neben mir bekreuzigt sich. Mir ist das Ruckeln aber genauso sympathisch wie die Tatsache, dass man sich am Bildschirm keine Filme aussuchen kann, sondern dass einfach alle denselben sehen. Alles mutet fast schon kommunistisch an, und ich stelle mir vor, wie ich später einmal meinen Enkeln erzählen werde: »Früher gab es beim Fliegen halt nicht mehr! Damals sind wir beim Start und bei der Landung noch richtig nervös geworden.«

Die nächsten zwölf Stunden habe ich nun Zeit, mich auf diesen neuen Lebensabschnitt zu freuen. Sieben Monate Südamerika – und ich habe tatsächlich keine Lust darauf. Ich war in meinem jungen Leben bereits wirklich genug auf Reisen, und in diesem Kalenderjahr für meinen Geschmack schon zu viel. Wie es sich für die junge, vielsprachige Europäerin von heute gehört, habe ich zwischen zwanzig und fünfundzwanzig unter anderem eine Interrail-Reise, ein Erasmus-Austauschsemester und ein Volontariat in Afrika gemacht. Ich bin im Freundeskreis für meine Reiseversessenheit bekannt, werde von manchen darum beneidet und verwirre viele mit der Unzahl meiner Reisepläne. Bekannte, die ich nur alle paar Monate treffe, sind meist ganz überrascht, dass ich überhaupt gerade in Österreich anzutreffen bin. Das vergangene halbe Jahr habe ich zum Abschluss meines Studiums in Kanada verbracht. Und seit ich Ottawa vor einem Monat mit fünfunddreißig Kilogramm Gepäck verlassen habe, habe ich den Segen unserer Mobilität zu verabscheuen gelernt. Mit dem Zug nach Toronto, mit dem Bus durch die Großstadt, mit dem Flieger über Island nach München, Familie in Salzburg und Vorarlberg besucht, bei Freunden in Wien untergekommen und die Abschlussprüfung auf der Uni abgelegt, mit dem Zug nach Marseille zu Freunden, im Airbnb übernachtet, mit dem Bus nach Madrid, Couchsurfing, und jetzt, nur vier Wochen nach dem

Abschied von Ottawa, bin ich hier. Ich sehne mich nach eigenen vier Wänden und einem Schrank, wo ich einfach nur mein Zeug hineinlegen kann. Wie der französische Rapper OrelSan schon erkannt hat: »Après avoir fait le tour du monde, tout ce qu'on veut c'est être à la maison.«

Ich war wahnsinnig stolz auf meinen Plan, mit dem ich meine Flugdistanz auf das minimal Notwendige, nur über den Atlantischen Ozean, reduziert habe. Doch ich muss auch zugeben, dass ich es während meines vierten Umstiegs am Bahnhof in Lyon langsam bereute, genauso wie mitten in der Nacht am Busbahnhof von Bordeaux, wo es schön dunkel war, wunderbar nach Urin duftete und ich aus Mangel an Nahrungsangebot über meine als Gastgeschenk gedachten Mozartkugeln herfiel. Umso stolzer berichtete ich Muriel, meiner früheren Mitbewohnerin aus Wien, bei unserem Treffen in Marseille von dieser Odyssee. Immerhin hatte ich ökologisches Denken im Grunde von ihr gelernt. Dementsprechend schockiert war ich, als ich erfuhr, dass sie selbst aus Brüssel mit dem Flugzeug hergejettet war, um mich zu treffen. Da hätte ich ja gleich selbst nach Madrid fliegen können. Wie zum Vorwurf berichtete ein Radiomoderator ihres Lieblingssenders eines Morgens, während wir auf dem Balkon unserer Airbnb-Unterkunft im Mistral-verwehten Marseille frühstückten: »Umweltforscher sagen, dass nur drei große Maßnahmen tatsächlich nachhaltig das Klima schonen: nicht Auto fahren, nicht fliegen und keine Kinder bekommen.«

»Also, Muriel, keine Kinder?«, lachte ich.

Muriel war sichtlich getroffen von meinem augenzwinkernden Vorwurf, das schlechte Gewissen war ihr deutlich anzusehen.

Dabei gehöre ich ja selbst zur schlimmsten Sorte, wenn es um das ökologische Gewissen geht. Die einen machen quasi alles richtig – vegan essen, Fahrrad fahren, unverpackt einkaufen oder NICHTS kaufen – und verurteilen jene, die das nicht schaffen, obwohl es doch »*so* leicht und *so* viel schöner« sei, während diese anderen permanent ein schlechtes Gewissen wegen ihres Lebensstils haben. Ich hingegen verurteile alle Menschen rund um mich herum für ihr unökologisches Verhalten und schaffe es selbst nur selten, konsequent zu sein. Ein Leben ohne Fleisch? Gerne weniger, aber bestimmt nicht ganz ohne. Ein Leben ohne Käse?! Da könnt ihr mich gleich erschießen. Und welche schöne Ausrede hatte ich also parat, um meinen anstehenden Flug um die halbe Welt zu rechtfertigen? Natürlich der einzige Grund, der immer erlaubt ist: die Liebe.

* * *

An jenem Morgen in Marseille beim Frühstück dämmerte mir langsam, dass das Fliegen selbst für die absoluten Ober-Ökos anscheinend eine eigene Kategorie darstellt. Ich begann zu recherchieren: Eine Umfrage in Deutschland im Jahr 2014 ergab, dass Menschen, die »Grün« wählen, am meisten fliegen. Und die Grün-Wählenden sind anscheinend auch die einzige Gruppe, in der tatsächlich *alle* schon einmal geflogen sind.[2] Das habe ich davor nicht für möglich gehalten, doch nach längerem Nachdenken fand ich es wenig verwunderlich: Wer interessiert sich denn besonders für andere Kulturen? Wer spricht mehrere Sprachen? Wer ist häufiger akademisch ausgebildet und damit zu beruflichen und privaten Flugreisen privilegiert? Dabei wissen wir inzwischen auch, dass der Verzicht auf Flüge eine der wirkungsvollsten Entscheidungen ist, die eine Einzelperson treffen kann, um Emissionen zu redu-

2 www.boell.de/sites/default/files/oben_flugbroschuere_160603.pdf?dimension1=ds_fliegen (16.03.2018)

zieren.[3] Dazu kommt, dass bloß drei Prozent der Weltbevölkerung im Jahr 2017 und nur circa achtzehn Prozent aller Menschen überhaupt in ihrem Leben schon einmal geflogen sind.[4] Ich werde in den kommenden Monaten so manch typisches Exemplar dieser Reisenden persönlich kennenlernen. Sie alle werden von meiner eigenen inkonsequenten Person, quasi auf Augenhöhe, für ihr Handeln infrage gestellt werden. Was ich wissen will, ist: Was treibt uns an, ständig unterwegs zu sein? Haben wir überhaupt ein Recht auf unendliche Reisefreiheit? Und lohnen diese Reisen sich überhaupt? Machen sie uns oder unseren Planeten in irgendeiner Form besser? Ich habe vor, bei anderen Travellern genauso wie bei mir selbst knallhart und ehrlich hinzusehen, ohne Facebook- und Instagram-Filter, und herauszufinden, ob und wem diese vielen Flugreisen tatsächlich etwas nützen.

* * *

Als Teil dieser gewissenlosen, elitären drei Prozent der Menschheit sitze ich jetzt also gerade in einem Flugzeug, das mich in zwölf Stunden von Spanien nach Peru bringen wird, und freue mich nicht einmal so richtig darüber. Doch, ich freue mich schon ein bisschen, denn in Lima erwarten mich zwei Dinge, die ich bereits schmerzlich vermisse: die eigenen vier Wände, inklusive Schrank statt Rucksack, und Tom.

---

3 iopscience.iop.org/article/10.1088/1748-9326/aa7541#erlaa7541f1 (06.01.2019)

4 www.dw.com/de/der-klimawandel-und-das-fliegen/a-42094220 (16.03.2018)

ANKUNFT IN LIMA

Als ich in Lima ankomme, bin ich müde. Meine innere Uhr sagt mir, dass es bereits mitten in der Nacht ist, doch auf dem Weg hierher haben sich die Uhren sechs Stunden zurückgedreht. Tom erwartet mich inmitten einer Menge von Taxifahrern mit Namensschildern und strahlt. Ich strahle zurück, wir küssen uns. Obwohl ich ihn in den vergangenen sechs Monaten regelmäßig auf Skype oder FaceTime gesehen habe, hätte ich ihn mit seinem dichten Bart und den langen Haaren fast nicht erkannt. Es ist ein beruhigendes Gefühl zu wissen, dass die technischen Hilfsmittel den echten Anblick nicht vollständig ersetzen können. Doch eines ist bestimmt durch den ständigen Online-Kontakt anders geworden: Alles ist sofort wieder vertraut, wir sprechen so miteinander wie noch vorgestern am Telefon, er fragt »Wie war der Flug?« und ich erzähle entnervt von meinem Starbucks-Desaster. Kitschige Wiedersehensszenen à la Fünfzigerjahrestreifen, ungläubige Blicke, dass die andere Person tatsächlich noch am Leben ist und die geschriebenen Briefe doch nur in der Post verloren gegangen sind, so etwas gibt es heute nicht mehr.

Wir steigen in ein Taxi, Tom spricht inzwischen fließend Spanisch und verhandelt souverän mit dem Fahrer den Preis. Als wir durch das lärmende, blinkende und stinkende Großstadtchaos Limas fahren, steigen in mir Erinnerungen an Dakar hoch. Die halb auseinanderfallenden

Autos, die die Straßen Limas verstopfen, unterscheiden sich von jenen in Dakar nur dadurch, dass sie statt aus Europa aus den USA hierhergebracht werden, wenn sie den westlichen Sicherheitsstandards nicht mehr entsprechen. Alle hupen, versuchen inmitten der Autokolonnen Softdrinks oder Kekse zu verkaufen, verschließen ihre Autotüren von innen vor mutmaßlichen Dieben. Die Werbetafeln und Aushängeschilder rundherum sind die gleichen wie bei uns: Visa, Mercedes, Coca-Cola, Multiplex-Kino, McDonald's. Ich bin eher unbeeindruckt und beschäftige mich mehr mit Tom als mit dem, was rundherum passiert. Ist es nicht absurd, dass ein so ferner, fremder neuer Ort mich mit fünfundzwanzig Jahren nicht einmal mehr überrascht oder schockiert? Auch diese alten Szenen, mit großen Augen an der Fensterscheibe klebend, etwas beobachtend, was man noch nie zuvor nur annähernd gesehen hat, auch das gibt es für die Privilegierten unserer Generation kaum mehr. Ich erinnere mich an Ta-Nehisi Coates, der in seinem Buch »Between the world and me« erzählt, wie faszinierend und augenöffnend sein erster Besuch in Paris für ihn war, einen jungen, mittellosen Schwarzen aus den USA. Ich würde in diesem Moment gerne noch einmal so staunen können, wie er es beschreibt. Mittendrin in dieser mir viel zu vertraut wirkenden elf Millionen großen, vom Betonboden bis zur Smogwolke grauen Megacity navigiert Tom den Taxifahrer zu unserer Wohnung, die er vor Kurzem für den Rest seines Studienjahres für uns beide gemietet hat. Er hat sich parallel zu seinen Semesterprüfungen voll ins Zeug gelegt, um noch eine Wohnung zu finden, bevor ich ankomme. Auch wenn ich ihm immer versichert habe, dass es mir nichts ausmachen würde, noch ein paar Wochen in seiner Studenten-WG zu wohnen, bin ich heilfroh, dass wir jetzt von Anfang an unser eigenes, kleines Reich haben.

Tom studiert Internationale Wirtschaftswissenschaften und entspricht absolut nicht dem Klischee des aufstrebenden Wirtschaftsstudenten, der gerne einmal Consumer Brand Manager bei Procter & Gamble werden will. Als ich ihn kennenlernte, damals war er noch Zivildiener, war das zwar schon absehbar, aber längst nicht so deutlich wie heute. Durch sein Studium hat Tom bisher vor allem ganz genau herausgefunden, was er NICHT mit seinem Leben machen möchte. Er jagt nicht einem konkreten Karriereziel hinterher, sondern sucht meistens Antworten auf die großen, schwierigen Fragen unserer Menschheit: Wie schaffen wir mehr Frieden? Wie bekämpfen wir Armut und Umweltverschmutzung? Wie gelangen wir zu einer gerechteren Welt? Dabei macht er sich wenig Gedanken darüber, ob er bei den Lösungen eine tragende Rolle spielen wird, und genau dafür liebe ich ihn. Das Austauschstudium in Peru hat seine Ansichten über unsere ungerechte Welt nur noch mehr bestärkt, und die neue Langhaarfrisur ist in Wirklichkeit ein längst überfälliger modischer Ausdruck seiner alternativen, sozialkritischen Ansichten – auch wenn dieser Look momentan leicht mit dem eines stinknormalen Hipsters verwechselt werden kann. Wenn er mit seinen ausgelatschten Ledersandalen und einem bunten Stirnband durch Lima spaziert, erinnert er mich eher an einen modernen Jesus. Vielleicht auch, weil er das wirklich einmal zu mir gesagt hat, als ich während eines Sommerurlaubs zögerte, in Flip-Flops eine Kirche zu betreten: »Wenn dich jemand schief anschaut, dann denk einfach daran: Jesus hat immer nur Sandalen getragen.«

Nachdem wir nun unsere neue Wohnung betreten haben, gibt es für mich nichts Schöneres, als einfach nur ein paar meiner Habseligkeiten in den Schrank zu legen und zu wissen: Hier dürfen sie jetzt ein paar Monate bleiben. Gleichzeitig packe ich einen meiner zwei Rucksäcke schon wieder zusammen, denn in nur zwölf Stunden werden wir schon wieder am Flughafen von Lima sein. Diesen zugegebenermaßen größten Quatsch aller Zeiten hat Tom sich einfallen lassen, damit wir seinem Vater, der gerade zu Besuch ist, den Traum erfüllen können, den Machu Picchu zu besichtigen. Eine fünfundzwanzigstündige Busfahrt kommt für den alten Herren, wenn er auch noch sehr rüstig ist, nicht infrage, also fliegen wir in die Andenstadt, von der aus man zu diesen so berühmten Inka-Ruinen gelangt. Mir ist es jetzt, da ich wieder neben Tom einschlafen und aufwachen kann, relativ egal, wo das dazugehörige Bett steht und wie wir dorthin gelangen. Trotzdem habe ich mir fest vorgenommen, dass dies der letzte Kurzstreckenflug meines Lebens werden wird.

GRINGO GROUND ZERO

Noch ehe mein Jetlag richtig einsetzen konnte, sitze ich also bereits wieder im Flieger und betrachte durch die Fenster die imposanten Berggipfel der Anden unter mir. Wenn uns niemand sagen würde, dass hier alles ungefähr 2000 Meter höher ragt als in den Alpen, dann könnte diese Landschaft genauso gut daheim vor unserer Haustür liegen. Beim Warten auf unser Gepäck am Förderband hören wir plötzlich eine unverkennbar österreichische Stimme hinter uns: »Na he, des gibts jo jetzt echt ned, oda?« Ich drehe mich um und sehe zwei junge blonde Mädels mit den klassischen Traveller-Rucksäcken und Bergschuhen vor uns stehen. Nachdem Tom sie lachend begrüßt hat, erfahre ich, dass er mit den beiden Schwestern zur Schule gegangen ist. Eine der beiden macht derzeit den gleichen Studienaustausch wie er, allerdings in Brasilien. Aber »wenn man schon mal da ist«, kann man ja auch gleich noch 4000 Kilometer an die andere Küste Südamerikas fliegen, um mit seiner Schwester den Machu Picchu zu besuchen. Dass wir uns nun hier am Flughafen treffen, halten alle für einen unglaublichen Zufall. Doch seit ich gelesen habe, dass nur drei Prozent der Weltbevölkerung jährlich fliegen, ist mir klar, dass das mit Zufällen rein gar nichts zu tun hat. Ständig erzählen mir Leute nach einer Reise, dass sie zufällig der Arbeitskollegin des Anwalts ihres Onkels, die im Nachbardorf lebt, irgendwo auf einer Safari in Südafrika begegnet sind. Begeistert kreischen dann alle und stellen philosophisch fest: »Wie klein die Welt doch ist!« Doch da unterläuft uns ein grober Denkfehler. Nur die Welt derer, die sich diesen Lebens- und Reisestil leisten können, ist verdammt klein. Die anderen siebenundneunzig Prozent der Weltbevölkerung hätten garantiert keine Bekannten auf dieser Safari getroffen – es sei denn, sie sind Arbeiter im Safaripark.

Wir erreichen das Stadtzentrum dieser touristischen Hochburg Perus, ein fein säuberlich herausgeputztes koloniales Städtchen mit allen Angeboten, die das Gringo-Herz begehrt: Mit Sicherheitszäunen umgebene Hostels mit eigenem Irish Pub, spottbilligen Massagesalons, Boutiquen bekannter Sportartikelmarken, in denen man sich für das geplante Anden-Trekking ausrüsten kann, und kleine Hipster-Cafés mit 500 Zubereitungsarten ihres »Organic Coffees«. Ich frage mich: Gefällt das tatsächlich irgendjemandem, diese offensichtlich verwestlichte, unauthentische Altstadt, oder nehmen das alle nur in Kauf, weil nun mal jeder dieselbe Sehenswürdigkeit besuchen will? Anscheinend gefällt dieser geschützte Kokon den meisten, denn sobald wir den Stadtkern verlassen und in die heruntergekommenen Vorstädte spazieren, findet sich kein einziger Tourist mehr. Dafür Müllberge, unverputzte, aber bewohnte Rohbauten, ein Verkehrschaos voller alter Rostlauben und sehr viel Armut. Ein bisschen peruanische Realität darf auch auf dem Hauptplatz der Stadt auftreten: Gerade findet ein dreißigtägiger Streik der Lehrkräfte statt, denn nach fünf bis sechs Jahren akademischer Ausbildung verdienen Lehrerinnen und Lehrer in Peru umgerechnet etwa 350 Euro. Ein Polizist bekommt nach zehn Monaten Ausbildung mehr als dreimal so viel. Der Hauptplatz ist für die Demonstrierenden großräumig abgeriegelt – »para no molestar a los gringos«. Für die Peruaner sind nicht nur US-Amerikaner

Gringos, sondern alle weißen Touristen, und die sollen natürlich möglichst wenig gestört werden. Die Gringos tragen selbst am meisten dazu bei, das möglich zu machen: Während ich begeistert mit den Demonstranten mitsinge: »No somos uno, no somos dos, hoy somos todos!«, bemerke ich, dass der Großteil der Touristen die Streikenden einfach ignoriert. Ein paar machen Fotos des Geschehens, einzelne sind verärgert, dass die Demonstranten ihr perfektes Fotomotiv des Hauptplatzes stören. Doch die meisten gehen vorbei, ohne die Protestierenden eines Blickes zu würdigen. Ich fühle mich genauso schuldig, denn was bedeutet schon ein bisschen Mitklatschen vom Straßenrand aus? Meine Reise in dieses Land nährt vor allem die peruanische Staatskasse, wo Geld unfair und korrupt verteilt wird. Das gilt leider für die meisten Reiseziele, die für uns Europäer so angenehm leistbar sind. Doch in den touristischen Pubs rund um den Hauptplatz kann man trotzdem an einem Abend leicht ausgeben, was ein Lehrer in Peru monatlich verdient. Wir bereuen es bald, ein solches Pub betreten zu haben. Im ganzen Lokal befinden sich, abgesehen von den Bedienungen, nur Gringos, überall wird Englisch gesprochen. Eine Gruppe von jungen Briten Anfang zwanzig unterhält sich lautstark und ausschweifend darüber, für welche organisierte Tour sie wie viel bezahlt haben. Niemand spricht davon, dass junge Peruanerinnen und Peruaner sich solch eine Reise nicht einmal ansatzweise leisten könnten. Niemand scheint sich daran zu stören, dass dieses Lokal mit dem realen Peru genau gar nichts zu tun hat. Die Kolonialzeit, die ist ganz offensichtlich nur auf dem Papier passé.

* * *

Das Hauptziel all dieser Gringos ist der Machu Picchu, eine riesengroße Inka-Ruine inmitten der Anden. Sämtliche

Details zu dieser Geldmaschine lassen sich auf Wikipedia oder in jedem Reiseführer nachlesen, wesentlich ist: Alle wollen hin. Und darum ist das inzwischen ganz schön teuer, auch wenn es in Peru in Wirklichkeit fast an jeder Straßenkreuzung eine Inka-Ausgrabung zu bewundern gibt, für die sich aber kaum jemand interessiert. Jede Travel-Agency in der Stadt bietet geführte Trekkingtouren zum Machu Picchu an und jeder geschäftstüchtige Touristen-Informant erklärt dir, dass es viel zu gefährlich ist, diese Wanderung alleine anzutreten. Manche, so auch wir, versuchen es trotzdem und stellen fest, dass es problemlos möglich ist. Der wesentliche Unterschied liegt darin, dass wir unsere Campingausrüstung inklusive Zelt selbst tragen, auf- und abbauen und unser Essen selbst kochen. Während wir das tun, können wir bei den benachbarten Reisegruppen beobachten, wie die Gringos sich von den peruanischen Guides die Zelte aufbauen lassen, bekocht werden und tagsüber von Eseln und Pferden ihre Rucksäcke tragen lassen. Anders gesagt: Wer ohne Reisegruppe loszieht, überlegt es sich zweimal, ob er das Stativ seiner Spiegelreflexkamera einpackt. Der Besuch des Machu Picchu selbst ist eine reine Massenabfertigung, die den streitsüchtigen, verschlossenen Inkas wohl gar nicht gefallen hätte. Kein Wunder, denn täglich werden fast 3000 Personen hier durchgeschleust. Jeder Taxifahrer in Lima wird uns später fragen, ob wir den Machu Picchu besucht haben und stolz anmerken, wie beeindruckend dieser Ort sei. Die meisten gestehen im weiteren Gesprächsverlauf, dass sie selbst noch nie dort waren. Tom erzählt mir, dass für die meisten Peruanos der Besuch ihres größten Kulturerbes ein lebenslanger, kaum erfüllbarer Traum bleibt. Mir wird fast übel, wenn ich die fotografierenden Horden mit Selfiesticks betrachte, denen dieser Ort weit nicht so viel bedeutet – mich eingeschlossen – wie den vielen Menschen, die ihn wohl nie zu Gesicht bekommen werden. Auch wir warten brav, bis wir an der Reihe sind, um das klassische Foto mit der Machu-Picchu-Kulisse im Hintergrund zu machen, das ich schon tausendfach auf Facebook und in den Reiseberichten meines Vaters gesehen habe. Ich sende das Foto auch bald meinen Eltern via WhatsApp und ernte von Papa ein mit grinsendem Emoticon versehenes »Das kommt mir bekannt vor!« als Antwort. Für die meisten Backpacker in Peru ist dieser so besondere Ort nicht mehr als ein »nettes Must-see« auf ihrer Reise. Für mich ist dieser Besuch ein imposanter Einstieg in die peruanische Welt, doch es ist gewiss kein authentischer erster Eindruck. Ich fühle mich in dieser Touristenzone alles andere als nützlich. Wem bringt es irgendetwas, dass ich diese uralten Inka-Steine live gesehen habe? In Anbetracht der Lebensverhältnisse nur wenige hundert Meter von den Touristenzentren entfernt kann ich nicht glauben, dass ich etwas Gutes tue, nur weil ich mein Geld hierhertrage. Monate später werde ich Menschen, Lebensrealitäten und Wesensarten dieses Landes kennengelernt haben und den Machu Picchu nur als eines in Erinnerung behalten: als Touristenmagnet, der die Gringos von dem ablenkt, was dieses Land wirklich ausmacht.

AUSPACKEN

UNSER NEUES ZUHAUSE

Als wir uns nach zwei Wochen Andentour von Toms Vater am Flughafen verabschieden und ohne ihn mit dem öffentlichen Bus nach Lima zurückkehren, bin ich nach zweiundzwanzig Stunden Fahrt und nach eineinhalb Monaten des Reisewahnsinns mehr als erleichtert, endlich, endlich in meinem neuen Zuhause anzukommen. Für peruanische Verhältnisse ist die Wohnung ein wahrer Palast, frisch renoviert, mit Balkon und gut abgesichertem Eingangstor. Tom hat sie spärlich, aber sehr liebevoll und völlig ausreichend möbliert, mit einer Mischung aus Ausgeliehenem, Gebrauchtem und Selbstgebasteltem aus Altholz und Gemüsekisten vom Markt. Was bei uns als hip gelten würde, ist hier einfach nur gesunder Menschenverstand. Stolz präsentiert Tom mir den kleinen rosa Handspiegel, den er im ansonsten spiegellosen Badezimmer für mich installiert hat. Wir finden unsere Upcycling-Regale und die schon etwas von Termiten befallenen Schränke großartig und freuen uns allgemein, dass wir in den nächsten Monaten extrem energiesparend leben werden: So wie alle in Peru haben wir einen Gasherd, Heizungen gibt es hier nicht, Warmwasser ebenso nicht. Das kalte Duschen ist etwas gewöhnungsbedürftig, vor allem bei sechzehn Grad Tagestemperatur. Wir entscheiden uns außerdem gegen die Anschaffung eines Kühlschranks – vier Monate werden wir es wohl ohne aushalten. Dafür müssen wir akzeptieren, dass es in Peru praktisch keine Mülltrennung gibt. Mit etwas Mühe und viel Nachfragen erfahren wir nach einigen Wochen, dass es eine Sammlung für Recyclingmüll gibt. Die Abholzeiten der Müllsäcke sowie das vorherrschende Trennungssystem durchschauen wir bis zum Schluss nur schwer. Lima versinkt im Plastik. Jedes Gewürzsäckchen wird nochmals in ein Plastiksäckchen verpackt, sich gegen das Einpacken oder sogar doppelte Einpacken zu wehren, ist oft mühsam oder unmöglich. Die Bea Johnsons der heilen Zero-Waste-Welt behaupten immer, verpackungsfrei einzukaufen sei total einfach. In Ländern, wo alles auf Märkten verkauft wird, noch viel leichter. Ich schäme mich also für meine Inkonsequenz, dass ich zwar versuche, früh genug »Sin bolsa, por favor« zum Verkäufer zu sagen, aber dann nicht protestiere, wenn er aus jahrelanger Gewohnheit zum Plastiksack greift. Tom tröstet mich zwinkernd: »Wir brauchen die sowieso als Müllsäcke.« Ich schaue ihn daraufhin nur strafend an. Manchmal marschiere ich ganz stolz mit einer Tupperdose zum Laden an der Ecke und lasse mir Frischkäse vom großen Laib herunterschneiden, reiche die Dose über den Tresen und bitte die Verkäuferin, den Käse dort hineinzugeben. Als ich die Dose zurückbekomme, liegt der Käse darin – in einer Plastikfolie. Mit der Zeit wird es besser, denn ich kenne die Leute, bei denen ich einkaufe, ihre Gewohnheiten und weiß, wie ich es anstellen muss, damit ich zu meiner verpackungsfreien Ware komme. Und so kapiere ich auch: Am ökologischsten und ressourcenschonendsten ist Routine. Überall, wo ich neu und fremd bin und die Alternativen noch nicht kenne, muss ich das Angebot zuerst so nutzen, wie ich es vorfinde. Nach über einem Monat in Lima erfahren Tom und ich von einem wöchentlichen Biomarkt in unserer Nähe, bei dem wir von da an regelmäßig einkaufen gehen.

Avenida Jirón Libertad Número 683, das ist unsere erste gemeinsame Wohnung. Wir genießen die Zweisamkeit, die wir lange vermisst haben. Trotzdem ist das halbe Jahr, das Tom und ich getrennt voneinander verbracht haben, wie im Flug vergangen. Mir kommt es vor, als hätte ich gerade erst gestern am Flughafen in Ottawa unter tausend Tränen von Tom Abschied genommen, und doch haben wir beide in der Zwischenzeit so vieles erlebt. Es ist meine Idee gewesen, zeitgleich einen Studienaustausch an verschiedenen Orten zu beginnen. Ich fühlte mich durch meine vielen Reisen und einen Vorsprung von zwei Lebensjahren bemüßigt, eine Grundregel aufzustellen: Die Erfahrung, allein in einem fremden Land nur unter fremden Leuten zu sein, die darf auch Tom nicht auslassen. Zu prägend, zu lebensverändernd war das für mich selbst. Der ideale Plan kristallisierte sich nach und nach heraus: Tom würde mit mir nach Kanada fliegen und den ersten Monat mit mir verbringen, um dann nach Peru weiterzureisen. Nach einem Semester würde ich nach Peru kommen und die restliche Zeit dort mit ihm verbringen. Wir dachten an all die Vorteile unseres Reisemanövers: Wir würden das neue Umfeld des jeweils anderen kennenlernen, einander gut verstehen, wenn wir emotional Ähnliches durchleben, und niemand würde sich zu Hause sitzend im Stich gelassen fühlen. Das alles trug wirklich zum Erfolg unserer Fernbeziehung bei, doch der wesentlichste Punkt wurde mir erst bewusst, als ich die wenigen Wochen zwischen Kanada und Peru in Europa verbrachte: Zwischen Ottawa und Lima lag nur eine Stunde Zeitunterschied. Ein halbes Jahr lang erreichten Tom und ich uns praktisch problemlos abends vor dem Schlafengehen auf Skype. Während ich drei Wochen in Österreich war und die Zeitverschiebung plötzlich sechs Stunden betrug, sprachen wir viel seltener miteinander. Oft blieb dann eine Person enttäuscht zurück, wenn das Gespräch abrupt endete, weil der oder die andere noch etwas vorhatte. Da wurde mir klar, was uns außer unserer Liebe durch diese Zeit getragen hat – eine simple Uhrzeit, die es uns ermöglichte, trotzdem gemeinsam durch den Alltag zu gehen.

Tom zeigt mir sein Lima, all das, wovon er mir auf Skype erzählt hat, und ich fühle mich in den ersten Wochen als Besucherin, die diese fremde Stadt besichtigt. Es ist eine Stadt voller Ruß und Dreck, voller Lärm und Lichter, voller Flugzeuge, die man zwar ständig hört, aber vor lauter Smog nicht sieht. Eine Stadt voller Möglichkeiten, die man sich entweder nicht leisten kann oder zu denen man zu spät kommt. Eine Stadt voller Armut und extremem Reichtum, voller Alarmanlagen und Mauern um die Häuser. Ein etwas verrückter Mann lebt in unserem Viertel, er spielt den Straßenartisten, ohne wirklich etwas zu können, hält die Autos auf, tänzelt und lächelt dämlich dabei. Dann winkt er allen lustig zu, und nächstes Mal sehe ich ihn an einer anderen Kreuzung mit einem riesigen Plastikflieger Kunststücke vorführen. Manchmal ist er auch mit einem riesigen Holzkreuz auf der Schulter unterwegs. Mit seinem langen, grauen Bart, den zerrissenen Kleidern und den Sandalen aus alten Autoreifen sieht er tatsächlich aus wie ein kurz vor der Pensionierung stehender Jesus. Die Leute halten ihn für verrückt. In dieser Stadt erscheint er mir ganz normal.

* * *

Nach und nach beginne ich, mich hier einzuleben. Die Frau vom Laden unten, der Bäcker gegenüber, der Bettler an der Straßenecke, die Leute kennen mich inzwischen und grüßen. Die Gringa fällt natürlich auf, nicht nur weil sie selten Plastiktaschen annimmt, sondern auch optisch. Alle sind freundlich zu mir. Wenige hier im Viertel dürften so zuverlässige Kunden sein wie ich, die junge weiße Frau, die noch dazu selten einen Preis nachverhandelt. Doch mit der Zeit lerne ich, mich auf dem Markt beim Kauf von Früchten und Gemüse nicht linken zu lassen und, wenn schon nicht den Preis der Einheimischen, dann doch zumindest einen besseren Preis als den üblichen Touristentarif zu bekommen. Als Tom wieder zur Uni muss, habe ich plötzlich wahnsinnig viel freie Zeit, allein. Mir beginnt aufzufallen, dass ich nun seit fast vier Wochen in Lima bin und immer noch kein einziges Mal die Sonne gesehen habe, weil der versmogte Winterhimmel hier konstant grau ist. Es wird Zeit, dass ich mir eine Beschäftigung suche, oder zumindest ein Hobby, einen Sport, Leute, denen ich mich anschließen kann. Auf Studentenpartys von Toms Uni lerne ich nach und nach Leute kennen, mein Spanisch ist dafür gut genug und Schüchternheit schon lange kein Thema mehr. Meine erste Frage, so wie überall, wo ich hinkomme, lautet bald: »Wo kann man hier tanzen gehen?«. Tanzen ist für mich wie atmen, es ist mein Ventil und meine Meditation. In Südamerika sollte es doch hoffentlich leicht möglich sein, andere Tanzbegeisterte zu finden. Doch auch das braucht Zeit, denn die Leute, die mir versprechen, mich in ein paar gute Clubs mitzunehmen, leben nicht nach mitteleuropäischem Terminkalender. Es dauert also ein paar Wochen, bis ich einige Tanzlokale kennenlerne und sie auch gut genug kenne, um notfalls alleine hingehen zu können. Meine neu gewonnenen Freunde nehmen mich außerdem mit zu Akrobatik-Trainings, womit ich bisher kaum etwas zu tun hatte. Auch das macht mir viel Spaß. Was mich aber von Anfang an deprimiert, ist zu wissen, dass das alles nicht lange anhalten wird.

Noch vor einem halben Jahr habe ich mir auf die gleiche Art in Kanada einen Alltag aufgebaut: Sport, Freunde,

Partys. Ich war am Ende traurig, das alles zurücklassen zu müssen, ich vermisse manchmal die Orte und Menschen, die ich regelmäßig besucht habe. Zu manchen halte ich Kontakt über Facebook, WhatsApp oder Skype, viele verliere ich schnell wieder aus den Augen. Es sind Vorgänge, die in unserer globalisierten Welt schon normal sind. Wer hält denn heute noch jahrelang Brieffreundschaften à la Jane Austen mit einer Person, der er ein, zwei Mal begegnet ist? Bei manchen Bekanntschaften erwische ich mich aber auch bei dem Gedanken: »Zum Glück haben wir den maximal ein paar Monate am Hals«, und ich erschrecke über meine eigene Abgebrühtheit. Sind Menschen für uns schon so austauschbar geworden wie H&M-Klamotten? Oder will ich mich selbst nur vor dem nächsten Abschiedsschmerz schützen, wenn ich mich auf neue Menschen schon gar nicht mehr richtig einlasse? In Kanada habe ich eine Bekannte aus Wien getroffen, die für ihr Doktorat einige Monate dorthin gezogen ist. Ich fragte sie, wie sie sich eingelebt hat, und sie meinte nur: »Ich hab mir wieder einen Judo-Verein gesucht, die Kollegen in der Arbeit kennengelernt, und dann war's eh ›Geht schon weiter, normales Leben halt!‹«. Ich war fasziniert. So einfach und unkompliziert sah sie das?! War sie blind oder ich so kompliziert? Ich habe mir auch wieder Möglichkeiten gesucht, um Sport zu treiben und Studienkollegen kennengelernt, aber deshalb führe ich doch nicht gleich wieder das gleiche Leben wie zu Hause – oder? Menschen zu finden, die tatsächlich mit mir auf derselben Wellenlänge sind, denen ich Vertrauen schenke, braucht Zeit. Ich finde den halbjährlichen Wechsel meines Freundeskreises bereits anstrengend. Ich muss an meinen Vater denken, der von jeder seiner Reisen neue Kontakte mitbringt und der an seinem Geburtstag immer ganz stolz aufzählt, aus wie vielen Ländern er bereits Grüße auf Facebook erhalten hat.

Dabei weiß ich nur von einer Person, mit der er seither tatsächlich eine feste Freundschaft aufgebaut hat. Und wenn man ihn nach der Zeit des Reisens fragt, dann gibt auch er zu: Viele Abende verbringst du unterwegs trotzdem mit dir selbst. Wie muss es denn jenen gehen, die monate- oder jahrelang permanent ihren Aufenthaltsort wechseln? Reisende sind ständig unter Menschen und doch oft furchtbar allein.

NACH HAUSE TELEFONIEREN

Die ersten Reisen, an die ich mich erinnern kann, habe ich mit meinen Eltern und der Familie meines Onkels nach Italien unternommen. Strandurlaub in Jesolo, das Bilderbuchklischee der Neunzigerjahre. Das Viersternehotel hieß »Cambridge«, wie passend für Italien, das Frühstücksbuffet war riesig, zumindest für mich als Siebenjährige, die zuvor noch nie in einem Hotel gewesen ist. Ich ernährte mich trotzdem vorwiegend von der bereits in Würfel geschnittenen Wassermelone, die ich am ersten Tag am Buffet entdeckte. Jeden Tag wachte ich vor allen anderen auf und lief hinunter zum Pool, um eifrig Liegen für alle zu reservieren. Bis meine Eltern zum Frühstück erschienen, hatte ich bereits drei Schüsseln voller Wassermelone verdrückt. Dann blies ich mein Gummikrokodil auf und planschte damit im Pool herum. Nachmittags gingen wir an den Strand, wo meine älteren Cousinen mich bis zur Hüfte im Sand eingruben, während die Erwachsenen im Schatten lasen, schliefen und Zigaretten rauchten – schließlich waren sie im Urlaub. Ich erinnere mich, dass der Sand so heiß war, dass ich zur Strand-Eisdiele rennen musste, um mir nicht die Füße zu verbrennen. Abends vollzog sich immer dasselbe Ritual, das ich liebte: Alle zogen sich schick an, dann gingen wir ins Hotelrestaurant, wo uns ein dreigängiges Menü erwartete. Jeden Tag derselbe Tisch, derselbe Kellner, der mich »Signorina« nannte, wechselnde Pasta-Gerichte mit viel

Parmesan und jeden Tag das gleiche Dessert-Buffet, auf das ich mich mit gleichbleibender Begeisterung stürzte. Danach bummelten wir durch die Stadt, mit großen Augen vorbei an den Touristen-Strandshops, vorbei an bunten Luftmatratzen, Flip-Flops und Bolero-Tüchern. In der Ferne sah ich den Luna-Park leuchten, den ich nie erreichen sollte. Ich konnte nur fasziniert die Glücksspielmaschinen und die unglücklichen Menschen, die den Hütchenspielern auf den Leim gingen, beobachten. Mein Vater klärte mich über ihre Tricks auf, während meine Mutter Souvenirs beäugte. Die Abende endeten stets im selben Lokal, wo die Erwachsenen Bier und Wein tranken, während meine Cousinen und ich in der Hollywoodschaukel sitzend selig riesige Schoko-Frappés schlürften. Es war wunderbar. Im folgenden Jahr wiederholte sich der Urlaub fast identisch, bis auf ein paar denkwürdige Ereignisse: Ich lernte im Hotelpool schwimmen, worauf ich mächtig stolz war, ich erlebte unwissentlich mein erstes Déjà-vu, was mich über zwei Jahre lang glauben ließ, dass ich übernatürliche Fähigkeiten hätte, und ich wurde bei einem Tretboot-Ausflug sehr schmerzhaft von einer Qualle erwischt.

Irgendwann, von meinem inzwischen in die Pubertät geratenen Selbst kaum registriert, endeten diese Familienurlaube einfach unkommentiert. Ab diesem Zeitpunkt entwickelten sich die Reisegewohnheiten meiner Eltern in zwei völlig konträre Richtungen. Während meine Mutter endgültig entschied, dass sie nicht gerne wegfuhr, hing mein Vater immer öfter großen Reiseträumen nach. Bereits in seinen Zwanzigern hatten er und seine Kumpels mit ihren Motorrädern die ganze Südhälfte Europas befahren, Griechenland, Türkei, Spanien, alles mit Zelt und wahrscheinlich viel zu viel Alkohol. Später, nach zahlreichen Jahren des Buckelns und Schuftens für die Familie, in denen er sich aus seiner Sicht sonst nichts gegönnt hatte,

plante er seine ersten so lange ersehnten Rucksackreisen auf fremde Kontinente: Sein erstes Abenteuer führte ihn für drei Wochen nach Brasilien, zu indigenen Völkern an den Amazonas, die ganz anders waren als alles, was er davor gekannt hat, und die ihn unglaublich faszinierten. Er brachte viele Geschenke mit nach Hause, viel Schmuck, manches sogar mit Anhängern aus Affenzähnen, Taschen und Tücher. Das alles trug ich, inzwischen sechzehn Jahre alt, wie Trophäen in der Schule zur Schau. Alle Nachbarn und Verwandten waren beeindruckt von der Abenteuerlust meines Papas, ich am allermeisten. In unserer öden Kleinstadtwelt war dies eine interessante Neuigkeit für viele, darum zeigte er wochenlang jeden Abend seine Fotos dem ständig wechselnden Besuch. Ich wohnte seinen sich immer ähnlicher werdenden Vorträgen stets bei und wusste schon bald, welche Fotos und Geschichten aufeinanderfolgten. Ab diesem Zeitpunkt war ich angefixt von der Idee der großen, weiten Welt. Als ich siebzehn war und mein Vater mit dreiundvierzig eindeutig in der Midlife-Crisis angekommen schien, machte er entgegen allen Erwartungen in der Familie ernst, meldete bei seinem Arbeitgeber ein Sabbatical an und packte seinen Rucksack für ganze sechs Monate: von Alaska nach Feuerland lautete sein Plan. Was ich heute für ein fürchterliches Klischee halte, war damals revolutionär, zumindest in meiner kleinen Welt. Das Smartphone war erst kürzlich erfunden worden, Papa reiste noch mit Digitalkamera und benutzte unterwegs Internetcafés. Fotos per E-Mail zu versenden war aufwendig und dementsprechend selten. Auf Google Maps und mit Routenplaner verfolgte ich seine Reise, nachdem er wieder eine E-Mail aus einer neuen Stadt geschrieben hatte. Sein Vorbild war das Buch eines typischen Business-Aussteigers gewesen, auch das las ich. Als er zurückkam, ging der Rummel um seine vielen Geschichten und Fotos von vorne los. Sogar mir, seinem treuen Fan, wurden die sorgfältig inszenierten Erzählabende irgendwann langweilig. In den folgenden Jahren, ich war bereits nach Wien gezogen, um zu studieren, zog es meinen Vater immer wieder für längere Zeit in die Ferne – Südostasien, Marokko, Nicaragua, Costa Rica, Kuba ... Immer bereitete er sich akribisch mit einem *Lonely Planet* auf die Reisen vor. Immer zog er dann mit dem Rucksack los. Und immer kehrte er zurück und verkündete lautstark: »Das war das letzte Mal! Ich bin zu alt für das Backpacking!« Doch im nächsten Jahr zog er wieder los. Meine Mutter ließ ihn gelassen ziehen und wiederkehren, ohne dies allzu viel zu kommentieren. Wann immer Freunde oder Bekannte sie fragten, warum sie denn nicht einmal mitfahre, winkte sie nur schulterzuckend ab. Die extreme Reise-Unlust meiner Mutter wurde in unserer Familie über die Jahre zu einem Garanten für Witzeleien. Flugzeugen misstraut sie, Bus- oder Autofahrten sind ihr zu anstrengend. Zugfahren ist zwar in Ordnung, aber dann ist da noch das In-fremden-Betten-Schlafen, das Kofferpacken, das Sachen-Daheim-Lassen, und und und ... Kurz: Sie ist gern daheim und hat kein Bedürfnis, die Welt zu erkunden. Trotzdem hat sie auch mich nie zurückgehalten, wenn mich das Fernweh packte, sondern immer nur lächelnd festgestellt: »Das hat sie eindeutig von ihrem Vater.«

Eine Lieblingsphrase meines Vaters am Telefon lautet »Lass uns mal wieder skypen«. Ich glaube, die Beherrschung dieser digitalen Kulturtechnik gibt ihm ein starkes Gefühl von Jugendlichkeit und Weltgewandtheit. Also vereinbare ich bald einen Termin für ein Skype-Telefonat mit meinen Eltern und sehe dann die ersten drei Minuten zu, wie Papa mit konzentriertem Blick das iPad so installiert, dass ich ihn und Mama richtig sehen kann. Dann beginnt er mich auszufragen, was ich in Peru bisher erlebt habe, wel-

che Sehenswürdigkeiten im Land ich schon besucht habe, welche Orte in Lima ich schon kenne, welche typischen Speisen ich schon probiert habe. Er wirft mit Begriffen und Namen nur so um sich. Manches bejahe und kommentiere ich – dort ist es schön, das fand ich langweilig, dieses Gericht schmeckt wirklich toll –, andere Begriffe sagen mir nichts. Papa wirkt zufrieden. Ich erzähle von anderen Erlebnissen, Begegnungen mit Einheimischen und schönen, weniger bekannten Flecken des Landes, die uns empfohlen wurden. »Davon habe ich noch nie gehört«, kommentiert er daraufhin, er wirkt irritiert. Schnell bemüht er sich, das Thema zu wechseln, wieder über etwas zu sprechen, bei dem er mitreden kann. Meine Mutter hört aufmerksam zu, ihre Augen scheinen ständig über den Bildschirm zu huschen. Dann fragt sie mich mit neugierigem Blick, ob sie da im Hintergrund tatsächlich ein Regal aus Gemüsekisten in unserer Wohnung sieht. »Kracht das gar nicht zusammen?« Meine Eltern, verschieden wie Himmel und Erde. Was würden sie wohl dazu sagen, wenn ich nach Hause komme und verkünde, dass ich in Zukunft nicht mehr so weit reisen will? Sie würden es mir wohl schlichtweg nicht glauben.

DAS VW-BUS-KLISCHEE UND WARUM ES VÖLLIG VERLOGEN IST

Wenn du Mitte zwanzig bist und irgendwo zwischen Bobo, Yuppie und Hippie mäanderst, dann gibt es nichts Normaleres und Abgedroscheneres, als einen VW-Bus kaufen zu wollen. Außer vielleicht noch den Plan, damit unterwegs zu sein und darin wohnen zu wollen. Zahlreiche Instagrammer promoten ihr supergechilltes, alternatives *Van-Life*. Obwohl ich nicht einmal einen Instagram-Account habe, war ich genauso klischeehaft wie alle diese Insta-Fans. Ich wollte den Van. Tom wollte den Van. Wir träumten schon lange davon, wollten ein Bett reinbauen, mit der Kiste quer durch Südamerika fahren und jede Nacht am Strand pennen. Quasi einen Testlauf hatten wir bereits vor einigen Jahren durchgeführt, und damals, ganz am Beginn unserer Beziehung, hatte Tom mich von diesem Vorhaben überzeugt. Ich selbst habe davor nie ein Auto besessen, doch mit der Beziehung zu Tom begann auch meine erste emotionale Bindung an ein Auto. Sein alter roter VW Kombi sollte zum selbstgebauten Wohnmobil werden, beschrieb er mir noch am Abend unseres ersten Kusses. Ich glaubte ihm kein Wort, doch ich verliebte mich trotzdem schon in die Idee, auf diese Weise zu zweit durch die Welt zu düsen. Als wir erst wenige Wochen ein Paar waren, startete ich mit meiner Freundin Monika eine seit Langem geplante Rucksackreise nach Korsika. Tom ver-

sprach mir: »Wenn du auf dem Rückweg bist, ist das Auto umgebaut und ich hole dich in Venedig damit ab!« Ich war immer noch nicht sicher, ob ich ihm das glauben sollte, doch vierzehn Tage später musste ich es glauben – und ich glaubte es gerne, als ich die geniale Konstruktion von Tischlermeister Tom in Venedig mit eigenen Augen sah: Auf der weggeklappten Rückbank lag eine Holzkonstruktion, obenauf eine komplette, echte Matratze, darunter eine ausziehbare Schublade mit Fächern, die auch als Tisch unter dem Kofferraumdach diente. Ich war hin und weg. Es schlief sich ganz wunderbar in der »Villa on the road«, wie Monika unser neues Wohnmobil vor ihrer Abreise noch liebevoll taufte, und wir beschlossen, uns Richtung Triest aufzumachen. Auf dem Weg blieben wir stehen, wo auch immer es uns gefiel, campten wild im Naturschutzgebiet, entdeckten einsame Strände in verschlafenen Dörfern, genossen *Pizze, Gelati e Caffè* und waren – wie Frischverliebte nun mal sind – glücklich und nicht aus der Fassung zu bringen. Auch als der Kofferraum sich nicht mehr öffnen ließ und wir das Auto zum Mechaniker bringen mussten, ärgerten wir uns nicht über die Komplikationen, sondern amüsierten uns mehr über den klischeehaften Italiener inmitten seiner Fiat-Oldtimer, der uns mit einem lässigen Spruch auf den Lippen weiterhalf. Selig kehrten wir von unserem ersten gemeinsamen Urlaub zurück und planten gleich die nächste, größere Fahrt mit der »Villa on the road«. In den kommenden Monaten lernte ich in diesem Auto bei jeder Witterung, egal ob Matsch oder Glatteis, und auf jeder Bergstraße zu fahren, überall einzuparken und schlussendlich ein Auto tatsächlich gern zu haben. Im nächsten Sommer machten wir uns auf, mit dem Kombi einen ganzen Monat durch Spanien zu fahren. Und es wurde eine wirklich denkwürdige Reise. Wir wussten bereits, bevor es losging, dass es für das Auto, das schon zwanzig

Jahre auf dem Buckel hatte und sicher keinen TÜV mehr überstand, die Abschiedsreise werden würde. Wir konnten keine groben Mängel feststellen, also planten wir, die ganze Mittelmeerküste Frankreichs und Spaniens hinunterzudüsen. Vier Wochen absolute Freiheit, Wildcamping und Urlaubslaune! Etwa eine Woche vor der Abfahrt zeigten sich ein paar Probleme mit der Gangschaltung, doch die konnte der Mechaniker vorab noch halbwegs lösen. Mit viel Humor nahmen wir auch die Tatsache hin, dass der Beifahrer in Zukunft den Ganghebel auf der Autobahn festhalten musste, damit der fünfte Gang nicht hin und wieder unangekündigt heraussprang. Wir schafften es am ersten Tag bis an die Côte d'Azur und vergaßen gleich in der ersten Nacht, die Autolichter abzuschalten, sodass am nächsten Tag die Batterie leer war. Ein netter alter Franzose gab uns Starthilfe, konnte sich das Lachen aber nicht verkneifen, als er unseren Motor keuchen hörte. Wir ließen uns nicht entmutigen und zuckelten weiter. Wir hatten dem Kombi Spanien versprochen, also sollte er auch nach Spanien kommen! Bald darauf fiel der fünfte Gang komplett aus. Wer im Urlaub ist, hat bekanntlich keine Eile, also fuhren wir entspannt im vierten Gang auf der Autobahn dahin. An der Grenze zu Spanien jubelten wir. Ganz sicher sind wir uns offen gestanden nicht mehr gewesen, ob wir das noch schaffen würden. An diesem Abend erreichten wir sogar noch unser nächstes Ziel, ein verstecktes Cap mit Leuchtturm, wo wir unter dem Sternenhimmel campten. Die holprige, unasphaltierte Straße dorthin gab unserer Kutsche wohl den Rest. Am nächsten Tag schnaufte der Wagen schwer, doch es war Sonntag und alle Werkstätten waren geschlossen. Mit gekreuzten Fingern fuhren wir weiter, inzwischen abseits der Autobahn, auf Landstraßen, immer weiter »al sur«. Bis plötzlich gar nichts mehr ging. Tom konnte noch auf einen Parkplatz einbiegen und tes-

tete die Gänge: Er legte den Rückwärtsgang ein – und fuhr langsam vorwärts. Auf die anderen Gänge reagierte das Auto gar nicht mehr. Schweren Herzens ließen wir uns abschleppen, und der Mechaniker attestierte kaltblütig: »Está basura. Bótalo!« Und so lernte auch ich zum ersten Mal das Gefühl kennen, mich schweren Herzens von einem Blechhaufen zu verabschieden. Doch der Traum vom eigenen VW-Bus wurde dadurch nicht zerstört, sondern eher noch mehr geschürt. Das war nur unsere Proberunde gewesen!

Noch während ich in Kanada war, wurde uns klar: Ein VW-Bus ist in Peru viel leistbarer als in Europa! Also haben wir es getan, gegen jede Vernunft, ganz bewusst, den Traum vor Augen, mit dem Van eines Tages in den Sonnenuntergang zu fahren. Tom hat für uns beide noch vor meiner Ankunft einen VW-Bus gekauft. Drei Monate später hat er hauptsächlich viel zu viel Zeit und Geld in bürokratische Prozeduren und Reparaturen unserer »(Im-) Mobilie« investiert. Jetzt, da auch ich mich in Peru eingelebt habe, sehen wir ein, dass es in diesem Land viel zu gefährlich ist, im Auto zu übernachten, und bei Hostel-Preisen von maximal fünf Euro pro Nacht auch wirklich nicht lohnenswert. Doch wir freuen uns immer noch an unserer alten Hippie-Karre, fahren damit an den Strand zum Surfen – oder Zusehen – und fühlen uns mit dem Van den Beachboys und coolen Surflehrern total zugehörig. Wir laden am Wochenende alle unsere Freunde ins Auto und machen Ausflüge in Grünzonen an den Stadtrand, um uns dann auf dem Rückweg stundenlang in den Sonntagabendstau einzureihen. Jeder sagte uns, dass es viel zu riskant sei, das Auto nachts auf der Straße zu parken, also muss ein überwachter Parkplatz her, was absurd teuer ist, wie wir feststellen.

Dafür lernen wir Carlos und Julio kennen, zwei reizende Parkwächter und echte Unikate. Carlos bewacht den

Autoparkplatz sieben Tage die Woche, zwölf Stunden am Tag. Seine Schlafkammer liegt direkt über dem Büro der Parkplatzbetreiberin, nur hin und wieder hat er sonntags frei. Er ist praktisch immer da. Der Siebenundvierzigjährige freut sich, zwei Gringos kennenzulernen, und plaudert gerne mit uns. Ich komme manchmal tagsüber auf dem Weg zum Markt bei ihm vorbei und bleibe stehen, um mich mit ihm zu unterhalten. Mit der Zeit erfahre ich, dass Carlos hochgebildet und in Wirklichkeit für seinen Job völlig überqualifiziert ist. Er hat Kommunikationswissenschaften studiert und vier Jahre lang im französischen Kulturinstitut in Lima gearbeitet. Sein fast perfektes Französisch haut mich um. Ich schäme mich wahnsinnig dafür, dass ich ihm so etwas nie zugetraut hätte. Ich frage ihn also: »WAS machst du hier, Carlos?!« Und er erzählt mir von einer kaputten Ehe, von zwei Töchtern, die er selten sieht, von Reiseplänen und von Freiheit, die er früher vermisst hat. Doch wirklich frei ist Carlos jetzt auch nicht. Er verbringt seine Tage hauptsächlich mit Julio, einem kauzigen Rentner mit schlecht rasiertem Bart, Gehstock, runder Brille im Gesicht und schiefen Zähnen. Julio macht die Nachtschichten und bewacht die Autos auf der Straße, die in der Autogarage keinen Platz mehr bekommen haben. Wenn er fertig ist und Carlos mit seiner Schicht anfängt, frühstücken die beiden zusammen. Auch Julio hat eine Ex-Frau und wenig Kontakt zu seiner Familie. Er erzählt mir, dass er früher Pilot war und viel gereist ist, auch in Deutschland war er oft. Stolz präsentiert er ein paar Sätze auf Deutsch. Die beiden Herren fragen mich viel über Österreich, Carlos möchte unbedingt einmal nach Europa reisen. Er gibt mir auch viele Lesetipps, er kennt die großen lateinamerikanischen Autoren gut und schätzt die Poesie. Ich bin immer wieder beeindruckt von unseren Gesprächen, nachdem ich mich verabschiedet habe und nach

Hause spaziere. Das ist es für mich wahrhaftig, was »ein Land und seine Leute kennenlernen« bedeutet. Über diese Begegnung vergesse ich fast den ärgerlichen Auslöser dafür – unsere hippe, alte Rostlaube. Täglich wächst unser Credo: »Nach all dem Aufwand müssen wir den Bus jetzt richtig ausnutzen und die Fahrten damit genießen!« Wenn jemand sagt, dass man etwas genießen MUSS, dann ist es eigentlich schon zum Scheitern verurteilt. Wir setzen uns schlauerweise in den Kopf, die mindestens achtstündige Fahrt in die zweitgrößte Gebirgskette der Welt – die Autostrecke von Lima führt auf über 4000 Höhenmeter hinauf – mit dem Bus anzutreten. Zwei Tage lang laufe ich zwischen der Autowerkstatt und Carlos' Parkgarage hin und her und versuche den Mechanikern Druck zu machen, damit der VW-Bus rechtzeitig zum Tag der geplanten Abfahrt für steile Bergstraßen umgerüstet ist. Sie haben wie gewohnt keine Eile und lassen sich ihre Arbeitszeit trotzdem gut bezahlen. Endlich, mit einem vollen Tag Verspätung, legen wir eines Sonntagmorgens los. Carlos steht extra um vier Uhr früh auf, um uns das Tor zu öffnen, als wir wegfahren, winkt er uns hinterher und ruft »Suerte!«, was wir tatsächlich gebrauchen können. Tom fährt, und wir sind entspannt: Die ersten drei Fahrtstunden führen uns nur an der Küste entlang, erst danach wird es ernst, wenn es hinauf in die Anden geht. Da sitzen wir also zu zweit in einem rostigen Bus, in dem locker zehn Personen Platz hätten, was ja an sich schon eine Perversität für uns deklarierte Ökos ist, und freuen uns an unserer Freiheit. Bevor wir von der Küste in die Berge abbiegen, machen wir halt in einem kleinen Fischerdorf, um eine Kleinigkeit zu essen. Wir parken unser Ungetüm direkt vor einem Café in einer sehr belebten Straße und gehen hinein. Von unserem Tisch aus können wir die Schnauze des Busses sogar sehen, nach weniger als dreißig Minuten verlassen wir das Café wieder.

Ihr ahnt wohl schon, was jetzt kommt. Als wir zurückkehren, bemerke ich, dass der Kofferraum offen ist – und unsere Rucksäcke fehlen. Die Polizei, die praktischerweise direkt neben unserem Auto steht, gibt an, nichts gesehen zu haben. Aha. Die beiden jungen Polizisten erklären uns, dass sie hier zum persönlichen Schutz eines Zeugen stationiert sind. Dieser Ort wird mir immer sympathischer. Dann fällt ihnen ein, dass ihr Zeuge eine Überwachungskamera installiert hat, und verschwinden in seiner Wohnung. Kurz darauf kommen sie zurück und erzählen uns, was die Kameraaufnahme zeigt: Drei junge Typen haben binnen Sekunden mit einem Schraubenzieher unseren Kofferraum aufgebrochen und die Rucksäcke mitsamt unserer ganzen Bergsteigerausrüstung mitgenommen. Das Klischee vom reichen, weißen Mann im VW-Bus mit gutem, teurem Bergequipment im Kofferraum dürfte sich auch bis hierher herumgesprochen haben. Nach stundenlanger sinnloser Anzeigenerstattung in einem tristen Polizeikommissariat ohne Fensterscheiben, während der uns der Polizeikommandant noch stolz seine Sammlung konfiszierter Drogen und Schusswaffen vorführt, geben wir auf: Ohne eine warme Jacke oder Handschuhe müssen wir gar nicht erst in die Anden fahren. Und so kehren wir um, zurück nach Lima. Noch bevor wir die Stadtgrenze erreichen, haben wir entschieden: Dieses Auto wird uns keine Freude mehr machen, sondern immer nur noch mehr Ärger. Vierundzwanzig Stunden später steht es bereits wieder online zum Verkauf. Drei Wochen später haben sich immer noch kaum Interessenten gemeldet. Wir müssen zugeben: Wenn sich nicht ein anderes, ebenso illusioniertes Möchtegern-Hippie-Pärchen findet, dem wir den Bus aufschwatzen können, dann werden wir mit dieser Investition ziemlich draufzahlen. Anscheinend wissen die meisten inzwischen, dass Bustickets in Südamerika viel billiger und praktischer

sind als ein eigenes Gefährt. Manchmal entdecken wir in den Straßen Limas noch einen bunt bemalten VW-Bus, oft mit argentinischem, chilenischem oder uns fremdem Autokennzeichen. Wenn wir einen Blick hineinwerfen können, dann tun wir das immer noch, aus Neugierde, doch der Neid ist uns längst vergangen. Vielmehr spekulieren wir darauf, zu erkennen, dass die Van-Besitzer ebenfalls mit ihrer Reiseart zu kämpfen haben. Manchmal ist der Innenraum zur Schlafkoje umgebaut, hin und wieder sehen wir richtige Werkstätten durchs Fenster: Künstler, die Schmuck, Dekoratives aus Naturmaterialien oder Kleidung herstellen, scheinen so unterwegs zu sein. Einmal sehen wir sogar eine fahrende Bibliothek. Die Aufschriften auf den Bustüren laden ein, das geplante Abenteuer auf Instagram oder Facebook mitzuverfolgen oder sogar mit Spenden zu unterstützen. Reisen wird immer mehr zum Projekt. Unser Projekt erklären wir endgültig für beendet, als sich endlich ein Käufer findet: Eine Marketingfirma will den Van kaufen und wir übergeben ihn frei von schlechtem Gewissen – diese Karre ist wahrlich geeignet, um als reines Image-Objekt für Bierverkostungen in Einkaufszentren herumzustehen. Meine Erleichterung ist unendlich groß, als ich gemeinsam mit Carlos dem jungen Burschen von der Marketingfirma hinterherwinke, der mit einigen Startschwierigkeiten den Van zur Ausfahrt des Parkplatzes manövriert. Ich grinse über beide Ohren, doch Carlos schaut mich ein wenig bedrückt an. »No te preocupes, Carlos«, lache ich, »continuaré visitándote aqui!«

DER BERG RUFT

Unser Reiseziel in den Anden verlieren wir trotz Diebstahlfiasko nicht aus den Augen. Für unseren zweiten Versuch nehmen wir aber doch lieber den öffentlichen Bus. Das ist tatsächlich bequemer, geht schneller und ist billiger. Was haben wir uns bloß dabei gedacht, selbst dorthin fahren zu wollen? Doch was geschehen ist, ist geschehen und wir wollen uns nicht mehr weiter darüber ärgern. So erreichen wir mit einer Woche Verspätung das peruanische Mekka der Bergsteiger. Die kleine Andenstadt ist auch am Ende der Hauptsaison erfüllt von durchtrainierten Gringos und Straßenkünstler-Hippies, die in löchrigen, bunten peruanischen Hosen oder mit großem Rucksack und klobigen Bergstiefeln unterwegs sind. Wir befinden uns hier am Ausgangsort für Bergtouren und Kletterausflüge bereits auf über 3000 Höhenmetern, und die meisten Touristengesichter, die uns begegnen, haben einen leicht verbrannten Teint. Wir steigen in einem Hostel ab, das als Geheimtipp gilt und gut versteckt in einer Hauseinfahrt hinter einem unbeschrifteten Tor liegt. Die Besitzerin des Hostels ist Mariella, sie verlangt nicht mehr als umgerechnet drei Euro pro Nacht von jedem Gast, was selbst für peruanische Verhältnisse extrem wenig ist. Das Haus ist immer voll. Weil viele Gäste für ein paar Tage in den Bergen unterwegs sind und dann wiederkommen, ist ihr eigenes kleines Zimmer zum Gepäckraum geworden, wo sie Nacht für Nacht einen großen Berg an Wertgegenständen bewacht. Bei ihr darf ungestraft gekifft und gefeiert werden. Mariella bleibt noch im größten Chaos völlig entspannt, obwohl sie mit diesem Hostel ganz bestimmt nicht reich geworden ist, dafür aber regelmäßig der Polizei Schmiergeld zahlen muss. Sie freut sich einfach, wenn die Gäste bei ihr eine gute Zeit verbringen, und das tun sie auch. Vor allem unzählige Franzosen, Israelis und Deutsche treffen wir hier an. Sie alle wollen nur eines: hoch hinaus, die Berge bezwingen, Touren unternehmen, die zu Hause niemals möglich wären. Hier im Hostel werden abends beim Bier Tipps ausgetauscht, Equipment untereinander verliehen und hin und wieder auch gemeinsame Ausflüge geplant. Auch wir starten schließlich eine dreitägige Tour zusammen mit einer Österreicherin, einem Australier und einem Deutschen, Steffen.

Der fanatische Alpinist erzählt mir, dass er schon bald am Ende seiner Reise steht. Er ist vor vier Monaten nach Peru gekommen, nur um Berge zu besteigen. Das kann ich beim besten Willen nicht verstehen: »Willst du nicht die Leute und ihre Kultur kennenlernen? Oder dein Spanisch verbessern?« »Mein Spanisch ist zwar automatisch besser geworden, aber solange ich mich verständigen kann, ist mir das eigentlich egal. Die Kultur interessiert mich eigentlich auch nicht besonders. Ich will einfach auf ganz bestimmte Berge rauf, von denen ich gehört habe. Das sind Höhen und Schwierigkeitsgrade, die man bei uns in den Alpen nicht findet.«

Was kann ich dem noch entgegensetzen? »Gib dich der Umwelt zuliebe mit den Alpen zufrieden«? Ich muss an meinen Vater denken, für den sich ein Lebenstraum erfüllt hat, als er das Mount Everest Base Camp erreichte. Und selbst wenn Steffen wegen der Kultur und der Sprache nach Peru gereist wäre: Wären das bessere Gründe? Wie können wir so etwas überhaupt werten? Wer entscheidet, ob die Anden Teil der peruanischen Kultur sind oder nicht? Warum bin ich denn selbst gerade hier und plane Touren durch diese großen Berglandschaften? Mist. Mein erster Diskussionsversuch geht voll daneben und ich merke, dass ich mich auf solche Gespräche in Zukunft besser vorbereiten muss. Klar könnte ich Steffen noch vorhalten, dass er gerade, wenn er Gletscher so liebt, auf keinen Fall ins Flugzeug steigen dürfte. Aber ich habe nicht das Gefühl, dass er dieses Argument gelten lassen würde, zu viele Ausflüchte sind momentan gang und gäbe: Da muss doch zuerst in der Energiewirtschaft etwas passieren, meine Entscheidungen verändern am Klimawandel als Ganzes sowieso nichts, diese ganze Leier. Ein Teil Wahrheit steckt darin schließlich auch. Ich kann Steffens Motive für einen so langen Flug zwar nicht nachvollziehen, finde aber keine gleichwertige Alternative, die ich ihm anbieten könnte, und kein sinnvolles Argument, das ich seiner Entscheidung entgegensetzen kann. Immerhin ist Steffen nicht für zwei oder drei Wochen hier, so wie viele andere, mit denen ich im Hostel gesprochen habe, sondern gleich für mehrere Monate. Ich verstehe immer noch nicht, wie er für die Menschen und ihre Kultur so wenig Interesse aufbringen kann, obwohl er sich so lange in ihrem Land aufhält.

»Ich habe natürlich auch viel über Peru und die Leute hier gelernt, das passiert ja automatisch, wenn ich da bin«, meint er daraufhin. Und ich frage mich: Passiert das wirklich von selbst? Kann ich mit einem Reiseführer in der Hand in den touristischsten Orten absteigen und trotzdem die Lebensrealität der Menschen kennenlernen, wenn ich nur lange genug bleibe? Ich glaube nicht daran. Im Gegenteil, es könnte sogar sein, dass der Tourist ein völlig falsches Bild von einem Land mit nach Hause nimmt. Trotzdem stimme ich Steffen in diesem Moment zu, dass er,

quasi unabsichtlich, sehr viel über Peru gelernt hat. Wenn sie lange genug an einem Fleck bleiben – nicht in einem Land, sondern wirklich am selben Ort –, dann beginnen die meisten automatisch, über den Tellerrand des touristischen Angebots hinauszuschauen und nehmen wahr, wie das echte Leben läuft. Aber was ist lange genug? Zwei Wochen sind zweifellos zu wenig. Nach drei Monaten haben wir uns meistens voll eingelebt und alles fühlt sich schon ganz normal an. Gewohnheiten brauchen laut Psychologen im Durchschnitt sechsundsechzig Tage, um sich zu bilden.[5] Wer also wirklich an einem fremden Ort »ankommen« möchte, der sollte zumindest zehn Wochen bleiben, ohne mit Sack und Pack schon das nächste Ziel anzusteuern. Steffen hat sein Hauptquartier nun seit zwei Monaten bei Mariella, damit hat er dieses Kriterium schon fast erfüllt. Doch das interessiert ihn herzlich wenig, er wird für die letzte Woche seiner Reise noch in den Regenwald fahren, um auch von dieser ganz anderen Natur noch etwas zu sehen. Im kommenden Jahr kann er nicht noch mal so viele Monate verreisen, dann muss er wieder mehr studieren, erklärt er mir. Trotzdem wird er dann für fünf Tage nach Norwegen fliegen, um dort waghalsige Skitouren in den Bergen zu unternehmen. Der Flug ist schon gebucht.

---

5 Dean, Jeremy: *Making habits, breaking habits*. Oneworld Publications, London 2013. S. 150

EXCHANGE STUDENTS

Nun habe ich die magische Grenze, die ich selbst festgelegt habe, erreicht: Seit zehn Wochen lebe ich in Lima. Ich habe ein paar Ausflüge in andere Ecken dieses immensen Landes gemacht, doch Lima ist nun seit mehr als zwei Monaten mein Zuhause. Für Tom ist es bereits der siebte Monat, den er hier verbringt, und dementsprechend ist für ihn das meiste schon viel länger Routine als für mich. Bevor ich angekommen bin, hat er in einer großen WG voller Austauschstudenten gelebt. Er war etwas enttäuscht, keine WG peruanischer Studenten gefunden zu haben, aber die wohnen meistens noch zu Hause oder in Wohnheimen und ziehen erst in eine Wohngemeinschaft, wenn sie zu arbeiten beginnen. Ich habe Toms alte WG und ein paar der dort Wohnenden irgendwann kennengelernt und fühlte mich sehr an meine eigenen Austauschsemester erinnert. Egal ob WG oder Studentenwohnheim, die Welt der Exchange Students ist ein eigener kleiner Mikrokosmos. Gleich vorweg: Ich werde kein schlechtes Wort über jeglichen Studierendenaustausch verlieren. Projekte wie Erasmus sind Grundsteine einer modernen, offenen Gesellschaft. Wenn ich irgendjemandem Flüge erlauben möchte, dann Austauschstudenten – zumindest jenen, die auf dem Landweg nicht an ihr Ziel gelangen können. Dank Erasmus & Co. fühlen Menschen meiner Generation sich mehr als einer Nation zugehörig, gründen internationale Familien

und sprechen mehrere Sprachen fließend. Erasmus hat es mir ermöglicht, ein Semester lang in Frankreich zu leben und mich selbst und die Welt neu kennenzulernen. Ironischerweise habe ich an einem europäischen Austauschprogramm teilgenommen, flog dafür aber elf Stunden Richtung Süden: Die Kolonialgeschichte Frankreichs macht es möglich, gibt es doch mehrere französische – und damit europäische – Inseln in den Weltmeeren, weit weg von Europa.

Die Ankunft auf einer dieser Inseln war für mich zuerst ein Schock – alles war anders, alles war fremd, zum ersten Mal in meinem Leben war ich völlig allein. Ich war überfordert und heulte mich am ersten Abend in den Schlaf. Doch schon am zweiten Tag wurde ich aufgefangen, ich lernte andere Exchange Students kennen, orientierte mich auf dem Campus, alles wurde schnell einfacher. Und wie so oft konnte ich mir nach wenigen Monaten kaum vorstellen, wieder wegzufahren. Ich hatte Freunde aus aller Welt gefunden, sprach inzwischen fließend Französisch, hatte Einblick in völlig andere Lebensrealitäten gewonnen und war beim Tiefseetauchen über die bisherigen Grenzen meines Mutes hinausgewachsen. Exakt zur Zeit meines Erasmus-Semesters veröffentlichte die ZEIT einen hoch umstrittenen Kommentar mit dem Titel »Erasmus, Orgasmus!«, in dem die allseits bekannten Exzesse von Austauschstudierenden hochgelobt wurden, denn sie stiften (europäische) Identität und seien damit viel wichtiger als gute Studienergebnisse.[6] Sogar die Ärztin in Wien, zu der ich ging, um die notwendigen Impfungen zu erhalten, empfahl mir anstelle von aufwendigen Impfungen gegen tropische Viren vor allem einen Schutz gegen sexuell übertragbare Krankheiten. Zu diesem Zeitpunkt musste ich da-

6 DIE ZEIT Nr. 10/2012. www.zeit.de/2012/10/C-Erasmus (06.01.2019)

rüber sehr lachen, schließlich hatte ich keineswegs vor, während meines Austauschsemesters zur Nymphomanin zu mutieren. Und trotzdem, obwohl ich es absolut nicht geplant hatte, habe ich dann doch das bekannte Klischee gelebt: unglaublich viel gefeiert und mich hemmungslos sexuell ausprobiert. Warum tun das so viele genau im Ausland? Weil es egal ist, wer es mitbekommt. Weil du dich von Tag eins an neu erfinden kannst, weil niemand bereits eine Meinung von dir hat und weil du dir auch genüsslich ein furchtbares Image zulegen kannst, denn diese Leute wirst du in ein paar Monaten nie wiedersehen, wenn du es nicht willst. Und dann stellen viele erstaunt fest, dass sie Freunde finden, *obwohl* sie sich so ungeniert verhalten. Genauso ging es auch mir, und genau das hat mich nachhaltig verändert. Doch auch die gegenteilige Erfahrung war prägend: Ich war genauso oft allein, einsam und gelangweilt, was vielleicht sogar das Wichtigste war. Jede einzelne Erfahrung war unglaublich wichtig, um mich so selbstständig, mutig und frei zu machen, wie ich mich heute fühle. Die Veränderung war deutlich spürbar, als ich am Ende des Semesters einen besonderen Besucher auf der Insel empfing: meinen Vater. Zwei Wochen lang führte ich über seine neueste Abenteuerreise Regie, übersetzte Gespräche, plante Ausflüge und erklärte ihm Orte, die ihm völlig fremd und mir total vertraut waren. Er war sichtlich stolz auf mich, doch manches Mal schien ihm die neue Claudia nicht ganz geheuer zu sein. Ich genoss es, meine neu gewonnene Freiheit vor ihm zur Schau zu tragen. Besonders denkwürdig war der Moment, als ich meinem Vater eines Abends einen Joint anbot und dabei entspannt in seine vor Entgeisterung aufgerissenen Augen blickte. Ich konnte darin förmlich seine Gedanken lesen: »Ist das noch mein kleines Mädchen?« Nachdem er den ersten Schock verdaut hatte, nahm er das Angebot an. Meine Freunde und

ich zerkugelten uns wenig später vor Lachen – nicht nur, weil wir zu viel geraucht hatten, sondern auch, weil mein Vater bereits am Tisch eingeschlafen war.

Wie sollte es anders sein, natürlich hatte ich mich während meines Erasmus-Aufenthalts auch verliebt. Die folgende Geschichte halte ich selbst bis heute für zu kitschig, um tatsächlich ernst genommen zu werden. In einem Tanzworkshop meiner Austauschuniversität traf ich einen Tänzer aus Mosambik, ein durchtrainierter Adonis mit kurzen Rastalocken und schwarzen Augen, deren Blick mich schon bei unserer ersten Begegnung zu durchdringen schien. Er sprach kein Französisch, nur Portugiesisch und Englisch, was uns vollkommen ausreichte. Er war nur für einen Monat wegen eines Engagements als Tänzer auf der Insel und wir verbrachten diese Zeit leidenschaftlich, verliebt und voller Hoffnung, irgendwie eine Zukunft zu haben. Als er abreisen musste, vergossen wir beide viele Tränen, doch wir schworen uns, alles zu versuchen, um wieder zueinanderzufinden. Als ich nach Österreich zurückkam und meinen Freunden von ihm erzählte, hagelte es uralte Scherze. »Pass auf Claudia: Once you go black, you never go back!«, »Und, war er wirklich so groß wie alle behaupten?« Auch das gehört zur Erfahrung, im Ausland zu leben: zurückkehren und sich sehr missverstanden fühlen. Mein Traummann und ich blieben in Kontakt, doch die Leidenschaft ließ nach, und bald wurde klar, dass unser Wunschdenken aussichtslos war. Ich hatte zu konkrete Pläne, um Österreich wieder zu verlassen, er hatte nicht die Mittel, um zu mir zu kommen. Trotzdem konnte ich ihn nie ganz vergessen. Völlig unverhofft, mehr als ein Jahr später, bekam ich die Gelegenheit, ihn wiederzusehen. Er hatte ein Engagement an einer Tanzschule in der Schweiz bekommen. Ich war völlig fertig mit den Nerven, als wir ein erneutes Treffen vereinbarten. Ich malte mir die verrücktesten Dinge aus und hoffte so sehr, dass meine kleine Seifenblase von der unendlichen, leidenschaftlichen Liebe zwischen uns diesmal nicht platzen würde. Sie platzte nicht – zuerst. Wahrscheinlich auch deshalb, weil ich sah, was ich sehen wollte. Dass er immer noch schön war, dass er immer noch gut küsste und liebte, dass wir immer noch viel Spaß miteinander hatten und reden konnten. Davon abgesehen aber hatten wir ganz andere Vorstellungen vom Leben, doch das sah ich zu diesem Zeitpunkt nicht. Schlussendlich musste ich mich nie damit auseinandersetzen, denn nur wenige Wochen später verließ er mich für eine italienische Primaballerina. Es tat weh und gab mir gleichzeitig die Erlaubnis, ehrlich mit mir selbst zu sein: In Wahrheit hatte ich mich auch aus Exotismus in ihn verliebt, weil einfach alles an ihm und seinem Leben anders war. Wahrscheinlich hatte er das Gleiche empfunden, womöglich ging es ihm mit seiner neuen Flamme genauso. Kaum etwas ist so reizvoll wie das Fremde, ein Mensch, der anders aussieht, anders spricht, anders aufgewachsen ist. Unsere Welt heute macht es glücklicherweise möglich, dass diese Differenzen oft keine Hindernisse mehr für Beziehungen sind. Mir ist es lieber, von Fremdem fasziniert zu sein als Angst davor zu haben. Doch so zu tun, als würde diese Faszination für eine lebenslange Beziehung ausreichen, ohne auch andere Qualitäten in ihr zu finden, ist verblendet. Und so entscheidet sich bei den meisten Beziehungen, die auf Reisen oder während des Studienaustausches entstehen, irgendwann danach im heimischen Alltag, ob die Liebe mehr aushält als ein paar sorgenfreie Wochen unter Palmen.

Bestimmt machen nicht alle die gleichen Erfahrungen während ihres Studienaustausches. Alles bleibt eine Frage davon, wie sehr man sich auf das neue Umfeld einlässt. Zu Weihnachten nach Hause fliegen – wozu? Erstmals hast du

die Gelegenheit, ein *anderes* Weihnachtsfest kennenzulernen. *Stille Nacht, heilige Nacht* kannst du in den nächsten Jahren noch oft genug singen. Aus anderen Gründen dazwischen noch mal einen Abstecher nach Hause machen ist ebenfalls Quatsch. Sich ganz auf sich alleine gestellt fühlen kann nur dann voll einschlagen, wenn ich auch wirklich nicht nach Hause zu Mami laufe, und sei es auch manchmal hart.

Austauschsemester können aber natürlich genauso gut ohne Drogenrausch und Liebschaften aus dem Groschenroman ablaufen, sondern sich ganz zahm abspielen. Dafür war meine Zeit in Kanada der beste Beweis. Für den typischen alternativen Globetrotter auf der Suche nach Abenteuer ist Kanada erst mal kein spannendes Reiseziel: Es ist teuer, es ist gut organisiert, es ist friedlich, es hat Justin Trudeau. Die meisten würden lieber dort sesshaft werden, als nur einen Zwischenstopp zu machen. Ich entschied mich also, nach längst verjährten Erasmus-Orgasmen mein zweites Auslandssemester in der überschaubaren kanadischen Klein- und Hauptstadt Ottawa zu verbringen. Ich ging mehr als entspannt in diese Zeit, denn: Auslandsaufenthalte kannte ich, die gängigen Sprachen beherrschte ich perfekt und überhaupt fühlte ich mich allem und jedem überlegen. Kulturelle Differenzen würde es wohl keine geben, dachte ich mir, und tatsächlich, das Seltsamste war meist, wie furchtbar viel furchtbar dünnen Kaffee die Kanadier trinken. Die Zeit wurde für mich vor allem eine Erfahrung des Alleinseins, der Disziplin und der fleißigen Arbeit. Sowohl das Niveau der kanadischen Universität als auch meine eigene Abschlussarbeit forderten mich sehr. An meinen freien Wochenenden lernte ich trotzdem erneut großartige Menschen kennen, entdeckte leckere Märkte und tolle Sportmöglichkeiten und fühlte mich binnen der inzwischen bekannten zehn Wochen ganz wie daheim. Ich hatte mich bewusst gegen eine Studenten-WG entschieden, hielt ich mich doch inzwischen für zu alt und erwachsen für chaotische Buden, in denen ständig gefeiert wird. Stattdessen zog ich zu einer einsamen alten *Cat Lady* in ihr adrettes Vorstadthäuschen im Kolonialstil und freute mich auf hochintellektuelle Gespräche mit der weitgereisten Dame. Die Haupterkenntnis, die ich am Ende zog, war, dass ich vor der übertrieben freundlichen, furchtbar komplizierten alten Dame und ihren fauchenden Katzen wann immer ich konnte in die WGs meiner Freunde flüchtete. So alt war ich dann wohl doch noch nicht. Und so grauenhaft würde ich hoffentlich niemals werden.

Am Ende meiner Zeit in Kanada konnte ich sogar mein Fazit routiniert ziehen: Auch diese Reise hatte mir viele Selbsterkenntnisse beschert und war für mich eine wahre Bereicherung gewesen. Doch nun drängte sich mir eine neue, selbstkritische Frage auf: Was hatte mein Auslandsaufenthalt den Menschen in Ottawa oder der Gesellschaft insgesamt gebracht? Bis auf das völlig nichtssagende Ergebnis meiner überkomplexen Masterarbeit und meine Teilnahme an einer Charity-Sportveranstaltung fällt mir wenig bis gar nichts ein. Ein Freiwilligenengagement hätte sich für die wenigen Monate nicht gelohnt, war ich überzeugt: Bis du dich auskennst, musst du wieder weg. Bei den Hochschülerschaftswahlen an meiner Universität habe ich auf mein Stimmrecht verzichtet, denn während man seine Koffer packt noch solche Entscheidungen mitzutreffen, erschien mir unfair. Wer durch die Welt zieht, ist selten Teil eines Systems, sondern eine freischwebende Einheit mit losen Enden. Für manche mag das wie ein Traum klingen, ich hatte bei meiner Abreise aus Ottawa endgültig genug davon.

Und nun, nach zehn Wochen purer Freizeit in Lima, sehne ich mich nach Alltag. Ich habe mich tatsächlich in den vergangenen Wochen wieder etwas verloren gefühlt und nicht recht gewusst, welche Aufgabe ich mir hier suchen soll. Ein freiwilliges soziales Engagement? Ein ganz normaler Job, in einer Bar oder in einem Hostel? Einfach privat Sprachen unterrichten? Oder doch beginnen, ein Buch zu schreiben? Ich bin absolut unschlüssig. Ich weiß, dieses Gefühl könnte mich in dieser Lebensphase, nach dem Abschluss meines Studiums, in Österreich genauso ereilen wie hier in Peru. Doch das Wissen, dass ich von hier in drei Monaten schon wieder wegziehen werde, macht meine Orientierungslosigkeit nur noch größer. Ich fühle mich immer noch wie diese freischwebende Einheit mit unzähligen losen Enden. Die losen Enden reichen inzwischen auf vier verschiedene Kontinente, überall habe ich angefangene Freundschaften, Netzwerke, nützliches Wissen, Routinen und Möglichkeiten, mich in die Gesellschaft einzubringen, zurückgelassen. Hier in Lima ist meine einzige feste Verbindung immer noch Tom. Die Vorstellung, mich in nächster Zeit zu Hause einzuigeln, macht mich genauso wahnsinnig wie die Idee, wieder mit dem Aufbau von Kontakten von vorne zu beginnen, nur um dann alles in drei Monaten wieder in die Tonne schmeißen zu müssen. Wie ist das bloß passiert, dass mein größter Traum, die Welt zu bereisen und mir auf jedem Kontinent ein kleines Zuhause zu schaffen, zu einer schrecklichen Drohung mutiert ist? Wie kann ich es mir überhaupt erlauben, so über eine Chance zu denken, von der viele ein Leben lang träumen, ohne die Möglichkeiten zu haben, sie in die Tat umzusetzen? Bin ich inzwischen über-reist?

FREI & WILLIG UM DIE WELT

Aus Mangel an anderen Beschäftigungen verlege ich mich zuerst einmal auf zwei Hobbys, für die man heutzutage wohl überall Gleichgesinnte findet: Party und Yoga. Der Yoga-Trend hat Lima genauso erfasst wie jeden anderen Ort dieser Welt, und so verbiege ich mich wöchentlich mit einer Gruppe von Yogis unter Palmen in einem Park und seufze laut »Ommmmmmmmm«, während ich auf den Pazifik blicke. So oft wie möglich gehe ich tanzen, in die Salsa- und Bachata-Bars der Stadt genauso wie in hippe Clubs, in denen angesagte peruanische DJs auflegen. Durch die Leute, die ich auf diese Weise kennenlerne, und nicht zuletzt dank des Alkohols, der auf den Partys häufig fließt, verbessert sich mein Spanisch rapidíssimo. Dass ein kleiner Schwips das beste Hilfsmittel beim Erlernen einer neuen Sprache ist, habe ich schon zehn Jahre zuvor in Frankreich gelernt.

Die erste Reise, die ich ohne meine Eltern unternahm – abgesehen von den Ferienwochen bei Oma –, war eine EF-Sprachreise[7] an die Côte d'Azur. Ich war fünfzehn und eine Schulfreundin konnte die bereits gebuchte dreiwöchige Reise mit Französisch-Sprachkurs nicht antreten, also fragte sie mich, ob ich nicht an ihrer Stelle fahren

7 *EF Education First* ist einer von vielen Anbietern von Sprachreisen und Austauschprogrammen.

wolle. Ich wollte, auch wenn ich vorher gar nie auf diese Idee gekommen wäre und ordentlich nervös wurde bei dem Gedanken, drei Wochen unter Fremden in einem fremden Land zu sein, dessen Sprache ich zwar seit zwei Jahren in der Schule lernte, die ich darüber hinaus aber noch nie wirklich verwendet hatte. Noch heute, über zehn Jahre später, finde ich es nach wie vor schwierig zu sagen, ob mir diese Reise gefallen hat. Es war eine wahre Achterbahn der Gefühle. Der Sprachkurs brachte mir wenig bis gar nichts. Die gesamte Gruppe bestand aus österreichischen Kids, weshalb natürlich möglichst oft Deutsch gesprochen wurde. Die anfängliche Einstufung aller Teilnehmenden in verschiedene Niveaus gab den einen das Gefühl, mies zu sein und den anderen die Gewissheit, sich nicht wirklich anstrengen zu müssen. Die Vormittage dieser drei Juliwochen verbrachten wir also schwitzend und uns langweilend in einem Klassenraum, nachmittags zockelten wir meistens die fünfzehn Minuten zu Fuß durch den höchst touristischen, überteuerten südfranzösischen Badeort in Richtung Strand und erwarteten dort den Feierabend unserer Gastmutter, die uns dann mit dem Auto abholte. Wir waren drei Mädels aus Österreich und der Schweiz, die bei einer großen, dicken, kettenrauchenden Französin und ihrer ebenso voluminösen und Gauloises schlotenden neunzehnjährigen Tochter untergebracht waren. Der Sprachreisen-Anbieter bezahlte die Gastgeber und kontrollierte die Gegebenheiten mäßig, weshalb die meisten von uns die Erfahrung machten, dass die Zimmer klein und dreckig, das Essen wenig und schlecht und der Wille zum menschlichen Austausch gering bis gar nicht vorhanden waren. Wenigstens den Willen zum Austausch zeigte unsere rustikale Maman, auch wenn wir drei sehr wenig von dem verstanden, was sie uns, unterbrochen von lautem und rasselndem Lachen, mit nikotinheiserer Stimme erzählte. Im Haus lief rund um die Uhr der Fernseher, und die alte Frau schlief jeden Abend auf der Couch vor dem laut dröhnenden Gerät ein. Meine größten sprachlichen Erfolgserlebnisse hatte ich, wenn sie mich morgens vor dem Frühstück zum Bäcker schickte, um Baguette zu holen. Was die ersten Tage noch immens schwierig war, weil ich kaum verständlich machen konnte, wie viele Baguettes ich wollte, geschweige denn verstand, wie viel sie kosteten, wurde mit der Zeit zum Kinderspiel. Ansonsten war die Gastfamilie außerhalb des Sprachkurses dennoch unsere einzige Gelegenheit, Französisch zu üben. Unsere Maman kümmerte es nicht weiter, dass drei fünfzehnjährige Mademoiselles bei ihr wohnten, und nahm uns kurzerhand regelmäßig mit zu Familientreffen bei ihrer Mutter. Sowohl ihre Mutter als auch ihre Schwester waren ebenso zentnerschwere Raucherinnen. Bei der Oma kamen noch ein Gehstock und ein fürchterlicher Raucherhusten dazu, und so konnte man die Zukunft der Tochter und der Enkelin bereits erahnen. Das Gespräch am Tisch verlief meist in einem Tempo, das uns nicht die geringste Chance gab, mitzureden, es sei denn, wir wurden direkt angesprochen, was mit der Zeit immer seltener vorkam. Wir langweilten uns mehr und mehr und sprachen natürlich aus Trotz wieder Deutsch miteinander. Eines Tages endete die Langeweile für uns schlagartig. Zwei schlaksige Jungs mit tiefen, dunklen Augen und wuscheligen Haaren, die so gar keine Gemeinsamkeiten mit den anderen anwesenden Familienmitgliedern zu haben schienen, tauchten plötzlich bei einem der Treffen auf. Wir bemühten uns ganz plötzlich, jedes Wort am Tisch zu verstehen und reimten uns bald zusammen, dass dies die beiden Neffen unserer Gastmutter und etwa zwei Jahre älter waren als wir. Sie nahmen uns mit zu einer »Soirée« mit ihren Freunden, wo reichlich französischer Wein vorhanden war, und ich merkte, wie ich mit jedem Glas gesprächiger und mein Französisch flüssiger wurde. Die ganze Sprachreise war von heute auf morgen eine großartige Entscheidung geworden, wir schrieben flirtende SMS mit unseren neuen Freunden, vermutlich voller peinlicher Rechtschreibfehler, und träumten schon davon, sie zu heiraten und zweisprachige Kinder großzuziehen. Egal wie kurz diese Schwärmereien andauerten, sie gaben uns die nötige Motivation, um uns jedes neue Wort in der Fremdsprache sofort zu merken. Meine zu Beginn noch etwas beschönigenden telefonischen Berichte an meine Eltern wurden bald zu ehrlichen Begeisterungsstürmen. Nach drei Wochen war ich dennoch froh, den Heimweg anzutreten und in meine heile Welt mit sauberem Bad, eigenem, riesigen Zimmer und Deutsch als Verständigungssprache zurückkehren zu können. Ich hatte nie wieder das Bedürfnis, mich für eine Sprachreise anzumelden, aber meine Reiselust war dennoch geweckt. Die Erfahrungen dieser drei Wochen, auch die vielen negativen Momente, wurden im Nachhinein in meinen Erzählungen, und so auch in meiner Erinnerung, viel besser: Es war alles ein großes Abenteuer, ich hatte mit französischen Jungs geflirtet, eine verrückte französische Familie kennengelernt, wilde Partys gefeiert, tagelang am Meer relaxt und mich problemlos mit allen verständigt. Ich hatte Blut geleckt und einen großen Pluspunkt des Reisens für mich entdeckt: Unser Gedächtnis merkt sich vor allem die schönen Dinge, und wenn du beim Erzählen flunkerst, merkt es keiner – bald nicht einmal mehr du selbst.

* * *

In Lima bin ich derzeit noch weit von den geschönten Erzählungen entfernt, doch die durchfeierten Nächte bieten mir den Vorteil, dass ich die halbe Zeit der Tage, an denen ich nichts zu tun habe, verschlafe. Gleichzeitig verbessert sich mein Spanisch von Tag zu Tag, besser gesagt von Nacht zu Nacht, und wenn ich einmal Franzosen in Lima treffe, freue ich mich richtig, dass mir bereits Wörter en español in mein routiniertes Français hineinrutschen.

Eines Tages lerne ich in einem Elektro-Club Élise kennen, eine schicke Französin mit weiten, gestreiften Hosen und engem, bauchfreiem Shirt. Sie sieht aus, als wäre sie gerade erst in Paris von einem Laufsteg gepurzelt. Im Gespräch erzählt sie mir, dass sie zurzeit Volontärin in Lima ist. Ein Jahr lang arbeitet sie in einem privaten Veranstaltungszentrum am Rande der Stadt. Zum Programm des Kulturvereins gehören ein Puppentheater und ein großes Gartengelände, wo mehrtägige Events veranstaltet werden. Was Élise erzählt, klingt nach einer spannenden, sinnvollen Beschäftigung. Ich hake nach: Sucht der Verein noch mehr Volontäre? Élise wird daraufhin etwas ehrlicher: Momentan ist nicht einmal genug Arbeit für sie selbst vorhanden, oft wartet sie auf ausständige Informationen und neue Aufgaben von ihrer Chefin. Sie ist schon genervt und fragt sich, wozu sie eigentlich hier ist. Ich würde mich vermutlich sehr viel langweilen. Danke, das tue ich bereits. Ich verstehe Élise gut, auch meine eigenen Erfahrungen mit »Voluntourism« sind zwiespältig. Freiwillige kosten praktisch nichts, die Unkosten werden von NGOs, europäischen Staaten oder sogar den Volunteers selbst bezahlt, weshalb sie auch bei wenig anfallender Arbeit eingestellt werden und oft unterbeschäftigt sind. Viele schwärmen von den Engagements, die sie über *workaway* oder andere Plattformen gefunden haben. Ich bin mir nicht sicher, wie viel Flunkerei nicht doch dahintersteckt.

Meine Zeit als Volunteer im Senegal war nur mäßig erfolgreich. Mit zweiundzwanzig, inspiriert von meiner intensiven Begegnung mit dem Tänzer aus Mosambik, wollte

ich unbedingt Afrika kennenlernen. Allein schon diese Formulierung ist mir heute peinlich: Afrika ist riesig und so vielfältig wie der Rest der Welt zusammengenommen. Die Illusion, durch das Bereisen eines einzigen Landes den ganzen Kontinent zu begreifen, ist absoluter Irrsinn. Eine ehrenamtliche, weltweite Studentenorganisation ermöglichte mir zwei Monate Aufenthalt in Dakar, wo ich bei HIV-Aufklärungsworkshops in Schulen mithelfen sollte. Von diesem Thema hatte ich eigentlich herzlich wenig Ahnung, aber gut, mit ein wenig Einlesen würde es schon reichen. Ich packte meinen Koffer und sah dieser Reise mit Spannung entgegen. Trotzdem hatte ich keine Angst, denn nach meiner Erasmus-Inselzeit würde mich so schnell nichts umhauen: Ich hatte Dusche und Zimmer bereits mit Kakerlaken geteilt und schließlich blieb ich sowieso nur für zwei Monate. Als ich spätabends in Dakar den Flughafen verließ, wartete auf dem Parkplatz eine unglaubliche Menge an Menschen auf Ankömmlinge. Sie standen dicht gedrängt hinter einer Absperrung, alle riefen und schwenkten Schilder. Keine Ahnung, wie ich hier Jean-Pierre von der Organisation, mit dem ich schon auf Skype gesprochen hatte, finden sollte. Ich ging langsam an der Absperrung entlang, sah mich hilflos um, bis ich plötzlich eine Frauenstimme auf Französisch rufen hörte: »Claudia! Claudia! Ici!« Ich blickte in ein mir fremdes Gesicht, eine junge dunkelhäutige Frau mit strahlenden Augen, die mich nun zum Ende der Absperrung winkte. Als sie mich dort begrüßte, sah ich erst, dass Jean-Pierre neben ihr stand. Wir nahmen ein Taxi, und langsam begriff ich, dass Mamy, die junge Frau, meine Gastgeberin war. Ich würde bei ihr und ihrer Familie wohnen, am Stadtrand von Dakar. Jean-Pierre erzählte mir, dass soeben eine Party für die Volunteers im Gange sei, zu der er mich gleich mitnehmen würde, wenn ich wollte. Ich war nun völlig aufgekratzt, da alles gut zu klappen schien, und sagte gleich zu. Wir luden meinen Koffer bei Mamy zu Hause ab, ich sah mir das kleine, ärmliche Haus nur kurz an und ohne richtig zu begreifen, dass ich mir zwei Monate lang das Bett mit Mamy und zwei ihrer Geschwister teilen würde – und dass die Kakerlaken tatsächlich in meinen Alltag zurückgekehrt waren. Im Laufe der nächsten Wochen würde ich in diese Familie hineinwachsen: Der Patriarch und seine zwei Ehefrauen, die ständig stritten und mir europäische Kosmetika abluchsen wollten, Diskussionen darüber, ob man seine Kinder schlagen darf oder nicht, Kleinkinder, die fasziniert von ihrem weißhäutigen Gast waren und denen ich ordentliches Zähneputzen beibrachte, viele gemeinsame Essen auf dem Fußboden rund um einen großen Teller, in den wir unsere gründlich gewaschenen Finger vergruben. Es war eindeutig bis heute mein größter Kulturschock. Doch an diesem Abend ahnte ich von alldem noch nichts, ich wurde sofort wieder in die Welt der »Internationals« manövriert. Auf der Party, zu der Jean-Pierre mich mitnahm, traf ich sämtliche andere Volunteers der Organisation: Da waren Kayla aus Wisconsin in den USA, Mina und Vivian aus Kanada, Tjerk aus den Niederlanden, Katharina und Max aus Deutschland, Laura aus Italien, Michel aus Frankreich und noch ein paar mehr, deren Namen und Herkunftsländer man sich leicht dazudenken kann. Ich wurde freudig begrüßt, es wurde getanzt und im Laufe des Abends erfuhr ich, dass ich mir bezüglich unseres Projekts keine allzu großen Hoffnungen machen sollte. Mina erzählte mir: »I have been here for more than a month now and besides two meetings to prepare the workshops, nothing has been done so far.« Das sollte mir in den kommenden Wochen ebenfalls widerfahren. Wir wurden auf das Halten von Workshops vorbereitet, bekamen jedoch nie die Möglichkeit, diese in einer Schule umzusetzen. Auf Nachfrage wurden wir regelmäßig vertröstet. Ich hatte, so wie Mina und die anderen, viel freie Zeit, konnte mich aber ohne meine Gastschwester Mamy nur schwer in der Stadt bewegen, da diese für Weiße viel zu gefährlich sei. Wenn Mamy arbeitete, saß ich also oft im Haus mit den jüngeren Kindern herum und wurde manchmal von den beiden Ehefrauen als Babysitterin eingespannt. Als die Hälfte meines Aufenthalts vorüber war, reichte es mir. Kayla, die in einem anderen Projekt Englisch unterrichtete, erzählte mir, dass sie mehr Lehrende bräuchten, also entschied ich kurzerhand, in dieses Projekt zu wechseln, um doch noch etwas als Volunteer beizutragen. Drei Stunden pro Woche waren auch keine Vollzeitbeschäftigung, doch ich war zufrieden, etwas Nützliches tun zu können. Einigen motivierten Volunteers und senegalesischen Projektbetreuern gelang es sogar, Ausflüge in andere Regionen des Landes zu organisieren, wo wir sehr arme Gegenden besuchten, dem Traumklischee aller »Voluntourists« entsprechend Bäume pflanzten und mit Kindern auf dem Dorfplatz spielten. Endlich gehörte auch ich in den Club meiner Facebook-Freundinnen, die ein Foto von sich mit einem schwarzen Kind im Arm posten konnten.

Als meine Heimreise nach zwei Monaten näher rückte, sehnte ich sie bereits herbei, auch wenn ich dies vor meinen Eltern niemals zugegeben hätte. Ich war inzwischen zur furchtlosesten Reisenden unserer Familie aufgestiegen, und das wollte ich auf jeden Fall bleiben. Obwohl ich erneut viele Freundschaften geschlossen und mich an das ungewöhnliche Familienleben gewöhnt hatte, so zermürbten mich vor allem der langsame Lebensrhythmus in dieser Kultur, die Gleichgültigkeit gegenüber der Tatsache, dass manche Vorhaben wochenlang nicht umgesetzt wurden, und vor allem die Anstrengungen, mit denen es verbunden war, in einer Gesellschaft anders zu sein, immer aufgrund meiner Hautfarbe gleich als fremd und reich eingeordnet zu werden. Meinen Charakter und meine Sicht auf die

Welt hat diese Reise ganz bestimmt stark geprägt, doch ich musste mir ganz klar eingestehen: Ich hatte mich vor meiner Anreise der Illusion hingegeben, ich würde hier einen Beitrag zur Verbesserung der Gesellschaft leisten. Diese Anmaßung widert mich heute an, denn ich habe viel mehr von den Menschen dort gelernt, als ich ihnen beibringen konnte. Auf einem Blog fand ich kürzlich einen großartigen Text, der genau auf diese Probleme aufmerksam macht. »Liebe Volunteers in Afrika, bitte kommt nicht, um zu helfen, bevor ihr euch nicht diese Fragen gestellt habt: Würdet ihr diese Reise auch machen, wenn ihr keine Kamera dabeihättet? Würdest du dir deine Freiwilligenaufgabe in deinem eigenen Land zutrauen?«[8] Die Autorin weist darauf hin, dass Voluntourism der lokalen Wirtschaft oft auch schadet und dass vor allem die zahlreichen Volunteers, die in Waisenhäusern arbeiten, ein bestimmtes Problem noch verschlimmern: Kinder, die dringend konstante Bezugspersonen brauchen, müssen sich alle paar Monate von einem liebgewonnenen Menschen verabschieden. Auch von der Verstärkung von Stereotypen und neokolonialistischen Haltungen ist die Rede. Von Volunteer-Organisationen, die Freiwillige und deren Zahlungsbereitschaft bewusst ausnutzen, fange ich hier gar nicht erst an.[9] Wer auf Reisen Freiwilligenarbeit leisten will, sollte sich dabei immer bewusst sein: Auch wenn es so wirkt, als würden wir mit Freiwilligenarbeit etwas für andere tun, tun wir damit meist nur etwas für uns selbst.

---

8 matadornetwork.com/life/dear-volunteers-africa-please-dont-come-help-youve-asked-four-questions/ (29.04.2018)

9 »Kritisch Reisen: Gutes tun im Urlaub – und wer daran verdient.« 22.08.2018, WDR. www1.wdr.de/mediathek/video/sendungen/die-story/video-kritisch-reisen-gutes-tun-im-urlaub---und-wer-daran-verdient-100.html (06.01.2019)

Élise reißt mich aus meinen Erinnerungen: »Das ist ein toller Song, lass uns tanzen gehen!« Ob der lange Flug sich am Ende ihres Freiwilligenjahres wohl gelohnt haben wird? Und wenn ja, für wen? Anstatt sie mit dieser schlicht unlösbaren Frage zu konfrontieren, folge ich ihr auf die Tanzfläche.

SÜCHTIG NACH ARBEIT

Ich kann nicht mehr. Ich kann nicht noch mehr Yoga machen, ich kann nicht noch mehr feiern. Nach meiner Logik feiern Menschen, um sich für ihre getane Arbeit zu belohnen, um nach einem anstrengenden Tag abzuschalten. Doch ich arbeite nicht und meine Tage sind momentan nie anstrengend. Ich, die bekennende Multitaskerin, bin froh, wenn ich wenigstens eine Sache finde, die ich tun kann. Warum fühle ich mich so schnell wertlos, wenn ich keiner Erwerbstätigkeit nachgehe? Nicht nur mir geht es so. Auf einer Bergtour in den Anden treffe ich zwei junge Frauen aus Oberösterreich, beide sind Ärztinnen und haben sich drei Monate Auszeit genommen. Als wir uns begegnen, sind sie bereits seit zwei Monaten unterwegs und eine der beiden gibt zu: »Ich freue mich ja schon wieder so auf meinen Arbeitsalltag! Manchmal komme ich mir hier schon sehr nutzlos vor.« Ist diese Arbeitssucht ein österreichisches Phänomen oder ein Problem der ganzen westlichen Leistungsgesellschaft? In meinem Facebook-Newsfeed, den ich in letzter Zeit immer öfter gelangweilt durchscrolle und dem ich inzwischen dankbar dafür bin, dass er praktisch nie endet, finde ich regelmäßig Posts von Freunden und Bekannten aus Europa und Nordamerika, die sich statt eines normalen Urlaubs oder einer Reise-Auszeit für »Remote Work« oder ein Dasein als »Digital Nomad« entscheiden. Viele starten dann natürlich auch gleich einen Blog über diese Lebensart, und so lese ich mich etwas genauer ein: Kommunikationsbeauftragte, die Social-Media-Kanäle für ihre Kunden vom Co-Working-Space auf Bali aus bespielen, Grafikdesigner, die mit dem Rucksack durch Südamerika tingeln und sich zwischendurch zum »Freelancen« ein paar Tage vor dem MacBook verschanzen, um eine Projektdeadline einzuhalten, Webdeveloper, die neben ihrer täglichen Arbeit am Laptop in New York und Istanbul Tanzstunden besuchen. So richtig kapiere ich diesen Trend nicht. Wenn ich zwanzig Stunden in der Woche vor dem Computer sitze, wozu bin ich dann so weit geflogen? Will ich nicht die neue Umgebung kennenlernen, anstatt dann wieder das Gleiche zu tun wie zu Hause? Mir war auf meinen Reisen manchmal sogar die Zeit zum Skypen zu schade. Außerdem würde mich die permanente Suche nach WIFI wahnsinnig machen: Entweder bist du gezwungen, dich wieder in modernen Gegenden mit guter Infrastruktur aufzuhalten, was meistens nicht annähernd so spannend ist wie ein einsames Berg- oder Dschungeldorf, oder du ärgerst dich während der Hälfte der Zeit mit der wackeligen Internetverbindung herum. Dieser Lebensentwurf scheint mir reine Zeit- und Ressourcenverschwendung zu sein. Manche dieser digitalen Nomaden werden mich ungerecht finden, denn viele können sich ihre Reise nur auf diese Weise leisten. Eine dänische Freelancerin, die ich in Lima treffe, gibt in unserem Gespräch zu, dass sie manchmal ganz schön unter Druck steht, doch sie findet dieses Modell trotzdem besser als zuerst Geld anzusparen, um dann erst völlig frei auf Reisen zu gehen. Online-Arbeit für Firmen in Europa oder Nordamerika ist schlicht und ergreifend auch besser bezahlt als ein Job in der Gastronomie oder Hotellerie, was man eben unterwegs vor Ort so finden könnte, wenn einem das Geld für die Weiterreise ausgeht. Der Besitzer einer Surfschule am Strand von Lima bot mir vor einigen Wochen an, im Verleih zu arbeiten. Lechzend nach Beschäftigung überlegte ich es mir trotz eines wirklich jämmerlichen Stundenlohns, bis ich mitbekam, dass zwei Jungs aus Chile, die ihre Reise aus Geldmangel ein paar Wochen in Lima unterbrechen mussten, nach Arbeit fragten, und ich überließ ihnen sofort den Job. Tom versteht meinen Arbeitsbedarf überhaupt nicht, zumal ich das Glück habe, finanziell nicht darauf angewiesen zu sein. Er meint, ich könne jetzt lernen, mich einmal nicht in die Arbeit zu flüchten. Er hat leicht reden, seine Uni-Kurse halten ihn auf Trab. Wovor flüchten? Vor meinem Bedürfnis, etwas Sinnvolles zu dieser Welt beizutragen? Vor der Erkenntnis, dass ich zu Hause gelernt habe, mich über meine Leistungen zu definieren? Das weiß ich schon, nur ändern konnte ich es bisher nicht. Also müssen auch meine Reisen mit einer Leistung verbunden sein. Ich bin schon seit über zwei Monaten frei und verantwortungslos, ich habe mich ausreichend mit mir selbst beschäftigt. Ich muss nicht mehr herausfinden, was ich wirklich will, ich weiß es bereits: Ich will eine Aufgabe haben. Ich stöbere online nach möglichen Jobs in Lima, als ich eine WhatsApp-Nachricht von meiner ehemaligen Chefin in Wien bekomme: »Hallo Claudia, wir brauchen derzeit wieder Verstärkung in unserem Team ... in dem Bereich, in dem du früher gearbeitet hast, vor allem Pressearbeit, ca. zehn Stunden die Woche. Kennst du zufällig jemanden, der gerade auf der Suche ist?« Noch bevor ich den Gedanken im Kopf richtig durchgespielt habe, tippe ich die Antwort. »Also ... Ich hätte Zeit.« Sofort ruft sie mich via WhatsApp an und fragt, wie ich mir das vorstelle. Natürlich ist sie interessiert, ich kenne alle Abläufe und Projekte, für die Agentur wäre es das Einfachste überhaupt. Ich habe einen Laptop, WIFI, ich kenne die nötigen Programme. Ich bekomme einen Serverzugang und meine alte E-Mail-Adresse et voilà, plötzlich bin ich selbst Remote-Workerin. Reise mit Leistung, check. Tom ist enttäuscht von mir. Er findet es

feige, dass ich in meinen alten Job zurückkehre. Vielleicht hat er recht und ich verweigere dadurch neue Erfahrungen, doch mir gefällt die Vorstellung trotzdem. Nach einer Woche muss ich gestehen: Ich finde es großartig. Ich mache mich nützlich, bin flexibel, habe Freude an meiner Aufgabe und jeden Tag einen Grund, aufzustehen. Es ist absurd, wie viel innere Ruhe mir diese kleine Veränderung gibt. Ich habe immer noch viel freie Zeit, doch ich habe das Gefühl, dass ich sie mir verdient habe. Wenn mich nun Menschen fragen, was ich eigentlich den ganzen Tag in Lima so mache, muss ich nicht mehr beschämt zugeben »Nicht wirklich viel …«, sondern ich kann sagen: »Ich arbeite geringfügig für eine Agentur in Wien, via Internet. Mit Mail und Telefon, alles ganz easy.« Dafür ernte ich permanent große Anerkennung, wenn nicht sogar Neid. Alle wollen Digital Nomads sein, alle wollen kosmopolitisch, gleichzeitig beschäftigt und frei sein. Für mich bleibt es eine Notlösung und ich ärgere mich manchmal, dass ich jetzt selbst ein Testimonial für diesen Lebensstil geworden bin. Auch Tom bemerkt bald, dass sich meine Laune erheblich gebessert hat und nimmt seine ursprünglichen Vorbehalte zurück. »Wichtig ist, dass du glücklich bist, mi amor.« Ganz sicher bin ich mir da zwar selbst nicht, doch das Wissen um seine Unterstützung hilft mir, nicht zu streng mit mir selbst zu sein.

Später werde ich auf meiner Reise eine junge Lehrerin aus Berlin treffen, die in mir aufrichtige Bewunderung auslöst: Nach jahrelanger nervenaufreibender Arbeit an einer Brennpunktschule in Neukölln hat sie vier ganze Monate lang gar nichts gemacht. Sie ist spontan in eine WG in einer kolumbianischen Stadt gezogen und hat sich weder einem Job noch dem Sightseeing oder Backpacking verpflichtet. Kein Yoga, keine Fastenkur, keine Selbstoptimierung. Einfach nur sein genügt. Wer kann das heute noch? Ich offenbar nicht.

FREMDE WELTEN

Meine Gedanken kreisen dieser Tage unaufhörlich um das Reisen und seine ökologischen Folgen. Da meine bisherigen Begegnungen mir aber verdeutlicht haben, wie schwer es ist, einzelnen Menschen das Fliegen auszureden, frage ich mich, wo die Lösung dann liegen könnte. Wenn Staaten tatsächlich etwas für den Klimaschutz tun wollen, müssen sie Flüge höher besteuern und Zugreisen billiger machen – vor allem auch internationale Bahnfahrten. Mir selbst ginge momentan sogar das zu schnell. Ich lese »Slow Travel« von Dan Kieran. Das Buch hat mir ironischerweise eine Freundin zum Abschied in Österreich geschenkt, bevor ich zu meiner rasanten Tour um die Welt aufgebrochen bin. Kieran empfiehlt uns, die nächste Reise am besten einmal zu Fuß vor der eigenen Haustüre zu starten. Ein interessanter Gedanke: Warum bezahlen wir eigentlich Transportunternehmen dafür, dass sie uns unterwegs eine ganze Menge an Orten vorenthalten, indem wir daran vorbeirasen oder darüber hinwegdüsen? In jedem ignorierten Ort auf unserem Weg steckt eine kleine verpasste Chance. Nur weil über Hintertupfing noch kein *Lonely Planet* erschienen ist, heißt das nicht, dass es dort nicht auch etwas zu entdecken gibt, im Gegenteil: In Orten, über die ein *Lonely Planet* geschrieben wurde, gibt es selten noch etwas Neues zu entdecken.

Die philosophischen Gedanken, die ich mir momentan über das Reisen mache, sind leichter gedacht als in die

Tat umgesetzt. Tom will für ein langes Wochenende wegfahren, einen neuen Teil Perus erkunden. Zu Fuß hier in Lima zu starten, würde bedeuten, innerhalb von vier oder fünf Tagen kaum aus dieser Großstadt hinauszukommen. Ich hänge dermaßen in meinen kritischen Gedanken über Tourismus fest, dass ich mich wirklich kaum überzeugen lasse, auch nur für ein paar Tage wegzufahren. Schon beim Packen regt sich Widerstand in mir: entscheiden, was mitgenommen wird und was nicht, sich Sorgen machen, etwas zu vergessen. Ich beginne meine Mutter zu verstehen, für die Verreisen hauptsächlich Stress bedeutet und die deshalb lieber gleich zu Hause bleibt. Was passiert mit mir?! Als ich einige Stunden später im Bus sitze und versuche, eine bequeme Schlafposition zu finden, bin ich schon zum zweiten Mal von diesem Ausflug genervt, und das, bevor er richtig begonnen hat. Wenigstens haben wir uns für ein Reiseziel entschieden, das üblicherweise keine großen Touristenmengen anzieht.

In der »Selva Central«, einer Zone im Landesinneren Perus mit Regenwaldklima, finden sich viel Sonne und Wärme, grüne Wälder, Hügel und Kaffee-Anbau. Diese Gegend bekam im 19. Jahrhundert Besuch von Siedlern aus Süddeutschland und Tirol, sie waren mit dem Schiff über den ganzen Ozean gesegelt und zwei Jahre von Lima aus ins Landesinnere gereist, um sich hier niederzulassen. Wir reisen mit dem Bus an, etwas komfortabler als die Siedler, und erreichen den größten Ort der Gegend. Ich wache nach der Nacht im Bus zum Sonnenaufgang auf und schaue aus dem Fenster. Draußen sehe ich Holzhäuser mit Giebeldächern, schönen Balkonen und Fensterrahmen – etwas, das man in Peru sonst nie sieht. Der Tiroler Einfluss ist bereits sichtbar. Doch um in die Hochburg der Siedler zu kommen, müssen wir noch weitere vier Stunden mit dem Auto fahren. Auf einer kurvigen, unasphaltierten Bergstraße geht es hinauf ins peruanisch-tirolerische Bergdorf. Die Straße wird gerade saniert, und obwohl die Fahrer der Autos und Busse wissen, wann die Straße deshalb üblicherweise gesperrt ist, fahren sie einfach ab, sobald ihr Gefährt mit Passagieren voll ist. Deshalb dürfen wir bei einer Baustelle auf der Strecke dreißig Minuten warten.

Vor uns in der Kolonne sitzen zwei junge Typen auf Motorrädern, jeder hat eine Menge Gepäck hinten auf sein Bike geschnallt. Tom steigt aus, um sich die Beine zu vertreten und spricht die beiden an. Ich beobachte das Gespräch, und als er wieder einsteigt, erzählt er mir von ihnen: Sie heißen Juan und Manuel und kommen aus Mexiko. Die zwei Biker sind schon lange unterwegs und wollen sich ebenfalls das kleine Tirolerdorf ansehen. Als wir im Ort ankommen, setzen wir uns mit Juan und Manuel in die dorfeigene Brauerei und merken bald, dass die zwei nicht viel Geld, dafür aber jede Menge Geschichten zu erzählen haben. Wir laden sie auf ein paar Gläser Bier ein, um möglichst viel von ihren Abenteuern zu erfahren. Manuel und Juan sind Mitte zwanzig, Zwillinge und sehen sich tatsächlich verblüffend ähnlich. Beide haben schulterlange, schwarze Haare und einen kleinen Vollbart, beide tragen sogar idente rote Hosen, zum Glück nicht das gleiche T-Shirt, sonst wäre es unmöglich, sie auseinanderzuhalten. Sie sind nicht nur Zwillingsbrüder, sondern tatsächlich schon immer auch beste Freunde und haben fast alles im Leben gemeinsam gemacht. Das hat sie auch so manche Beziehung zu einer Chica gekostet, erzählen sie – es kam selten gut an, wenn die Meinung des Bruders stets wichtiger war als die der Freundin. Nach der Schule haben sie gemeinsam in einer Autowerkstatt gearbeitet, und als sie genügend Erfahrung gesammelt hatten, machten sie sich mit einer eigenen Werkstatt selbstständig. Wie es in Mexiko anscheinend üblich ist, lief diese Werkstatt komplett

»underground«, also an der Steuer vorbei. Sie arbeiteten stets ohne Firmennamen und Klingelschild, hinter verschlossenen Türen, wie sie sagten. Ihre Kunden bekamen sie über Empfehlungen durch Freunde, sogar lokale Politiker und Regierungsmitarbeiter hatten kein Problem damit, bei ihnen ihre Autos reparieren und lackieren zu lassen. Ihr Leben bestand hauptsächlich aus Arbeiten und Feiern, wie sie uns erzählten, und auch wenn es stets lustig war, so fehlte ihnen irgendwann etwas. Sie schlossen also die Werkstatt, verkauften den Großteil ihrer Ausrüstungen, schnappten sich ihre zwei Motorräder und machten sich auf die Reise, ohne einen genauen Plan, ohne zu wissen, wie lange es gutgehen würde. Inzwischen geht es seit fünfzehn Monaten gut. Und sie haben noch lange nicht genug: Nachdem sie von Oaxaca in Mexiko über Guatemala, El Salvador, Honduras, Nicaragua, Panama, Kolumbien und Ecuador bis nach Peru gereist sind, wollen sie noch mindestens ein weiteres Jahr unterwegs sein, um Chile, Argentinien und Brasilien kennenzulernen.

»Und was tut ihr, wenn euch das Geld ausgeht?«, frage ich. Dann bleiben sie irgendwo ein paar Wochen, um zu arbeiten, erzählen sie. Mal bei Erntearbeiten, mal in Hostels, wo sie dafür wohnen und essen können. Manuel ist auch begeisterter Fotograf und sie haben aus vielen seiner bisherigen Reisefotografien Postkarten gemacht, die sie verkaufen. Auch ich darf mir eine aussuchen, dafür spendiere ich noch eine Runde peruanisch-tirolerisches Bier. Am meisten Spaß macht den beiden aber die Arbeit als Straßenkünstler. Sie haben mit ihrem Hobby, dem Jonglieren, eine Möglichkeit entdeckt, ein bisschen Geld zu sammeln. Man sieht in Lima oft Artisten, die sich bei roter Ampel an einer großen Kreuzung vor die wartenden Autos auf den Zebrastreifen stellen und ihnen die Wartezeit mit ihrer Kunst unterhaltsam gestalten. Das machen die beiden also, exakt gleich gekleidet, mit ihren Bällen jonglierend – natürlich ein sehr schönes Bild, was ihnen immer etwas Trinkgeld einbringt. Eines wollte ich schon immer einmal einen solchen Straßenkünstler fragen: »Woher weißt du, wann die Ampel wieder grün wird?« Manuel lacht. Am Anfang fand er es auch schwierig und machte beim Jonglieren eine Umdrehung um einen Blick auf die Ampel werfen zu können. »Aber irgendwann entwickelt man ein Gefühl dafür«, meint er zwinkernd.

Ich habe meine Fragestunde noch lange nicht beendet. »Und wo schlaft ihr unterwegs?« Die Zwillinge haben ein Zelt dabei, können und wollen gar nichts für einen Campingplatz bezahlen. Darum suchen sie sich immer einen ruhigen Platz, wo sie unbehelligt ihr Zelt aufstellen können. Als wir uns an diesem Abend von ihnen verabschieden, wissen sie noch nicht, wo sie heute schlafen werden, obwohl es bereits dunkel ist. Aber sie sind ganz ruhig und entspannt. Juan meint, er sei am Anfang oft nervös gewesen, wenn er nicht wusste, wo sie die Nacht verbringen würden. Inzwischen weiß er: Es gibt immer eine Möglichkeit. Wir treffen die beiden am nächsten Tag zum Frühstück wieder, und tatsächlich, sie haben einen idyllischen Platz am Fluss gefunden, wo sie im Licht des Vollmondes ihr Zelt aufgespannt haben. Die Zwillinge wollen, ebenso wie wir, an diesem Tag zu einer salzhaltigen Wasserquelle am Fluss, von der wir gehört haben. Wir nutzen die Gelegenheit und fahren bei ihnen auf den Motorrädern mit. Nach einer wunderschönen zwanzigminütigen Fahrt über die holprige Bergstraße kommen wir zum Fluss und finden auch bald das kleine natürliche Badebecken mit der Quelle, die aus dem Berg rauscht. Die zwei haben ihre Bälle mit und jonglieren, wir baden und sonnen uns. Als wir zurück im Dorf sind, laden wir die zwei zum Dank für den »Taxidienst« zum Essen ein, bevor sie sich wieder auf die

Weiterreise machen. Die beiden sind in einer Tour gut gelaunt und optimistisch, auch wenn sie noch nicht sicher sind, wie lange ihr Tankgeld noch reichen wird, bevor sie wieder eine Reisepause einlegen müssen, um zu arbeiten.

Ich bin beeindruckt von der Art, wie die beiden reisen und frage mich gleichzeitig, wo denn da die Erfüllung bleibt, wenn man jahrelang nie eine konkrete Aufgabe, ein stabiles Umfeld und ein großes Ziel vor Augen hat. Tom erinnert mich, dass es für Menschen wie uns leicht ist, so etwas zu denken. Wir haben mit Mitte zwanzig schon so viele Privilegien genossen, wir konnten bereits um die ganze Welt reisen, auf verschiedenen Kontinenten leben und kennen zahlreiche Orte in Europa. Was die beiden Mexikaner gerade unternehmen, ist ihre allererste Reise außerhalb ihrer Heimat. Sie hatten nie die Möglichkeit, etwas anderes kennenzulernen, und auch jetzt müssen sie auf diese sparsame und vergleichsweise langsame Art reisen, um sie sich zu ermöglichen. Ich erinnere mich an die Jugendgeschichten meines Vaters, auf dem Motorrad quer durch Europa, mit dem Zelt und wenig Geld. Binnen einer Generation hat sich viel verändert. Für uns wäre dieser Reisestil maximal eine bewusste Entscheidung, um abenteuerlicher oder ökologischer unterwegs zu sein, nicht die erste Chance, etwas außerhalb von Österreich zu entdecken. Als mir das alles bewusst wird, verfliegt meine Kritik an und auch mein Neid auf Manuels und Juans Geschichte. Es ist toll, dass die beiden diese Reise unternehmen, obwohl sie zu Hause von ihren Freunden dafür als »Hippies« abgestempelt werden. Doch es macht mich traurig zu wissen, dass die Chancen auf Entdeckungsreisen weltweit so ungerecht verteilt sind.

* * *

Wir beschließen, unseren Wochenendtrip an einem anderen Ort fortzusetzen, in einem kleinen, wenig bekannten Städtchen unweit des Tirolerdorfs, in dem vor allem Kaffee produziert wird. Dort verbringen wir zwei entspannte Tage, in denen wir viel über die Geschichte der Region lernen und uns auf eigene Faust ansehen, wie der Kaffee hier hergestellt und weiterverkauft wird. Ich fühle mich wohl an diesem Ort, die Menschen empfangen uns herzlich, wir sehen nur wenige andere Touristen. Obwohl ich selbst die ganze Zeit von langsamerem Reisen spreche, bin ich es, die nach zwei Tagen vorschlägt, noch einen weiteren Ort zu besuchen, wenn auch nur für vierundzwanzig Stunden. Wir fahren vier Stunden auf der Ladefläche eines Pick-up-Trucks durch den Regenwald, um uns dem Gebiet eines indigenen Stammes anzunähern. Ich habe im Reiseführer gelesen, dass in diesem Ort ein Spanier eine Herberge führt und von dort aus Besuche bei den Indigenen anbietet. Ich bin nicht sicher, ob das nicht ein furchtbar unauthentisches Touristenangebot ist, doch ich will es versuchen – immerhin befindet sich der Ort in einer bei Reisenden sehr unbekannten Gegend. Wir erreichen den Ort und lassen uns von einem Mototaxi zur Herberge fahren, die sich direkt am Fluss befindet. Ich verwende die große gusseiserne Glocke, die neben dem Gartentor hängt. Dahinter sehe ich einen wild wuchernden tropischen Garten und ein wunderschönes, offenes Holzhaus. Nach einer gefühlten Ewigkeit schlendert ein dürrer grauer Mann mit Dreitagebart und abgewetzter Schirmmütze, eine schmale Sonnenbrille im Gesicht, dazu eine Zigarette in der Hand, auf uns zu. Ich habe das unbestimmte Gefühl, dass irgendetwas nicht stimmt. Ich frage auf Spanisch: »Ist das die Albergue Humboldt?« Der Mann antwortet zögerlich, doch unverkennbar mit spanischem Akzent: »Mehr oder weniger.«

»... Was heißt das?«

»Ich habe sie vor zwei Jahren geschlossen.«

Ich bin kurz baff. Davon steht logischerweise nichts in meinem Reiseführer. Ich erkläre, warum wir hier sind.

»Wie lange wollt ihr denn hierbleiben?«, will der kauzige Mann wissen.

»Bloß eine Nacht.«

Er überlegt nicht lange und winkt uns dann herein. Ich grinse Tom an, denn ich habe das sichere Gefühl, dass uns hier ein paar ganz besondere Storys erwarten. Bald darauf können wir unser Glück kaum fassen. Das Haus ist ein wunderschöner Bau aus Bambusstämmen und Holz, dem Regenwaldklima entsprechend überall offen, damit es nie zu heiß wird und ein Hochwasser des Flusses notfalls durch das Untergeschoss hindurchfließen kann. Jesús, der wunderliche Baske, der inzwischen alleine hier lebt, führt uns stolz durch Haus und Garten. In jeder Ecke des Hauses sehen wir Kunst, kreuz und quer: Gemälde, Spiegelmosaike, Holztotempfähle, Tierschädel, handgemalte Landkarten der Gegend. Dazwischen Hängematten und Regale mit Büchern in unzähligen Sprachen. Der Garten ist ein Kleinod wunderbarer Regenwaldbotanik mit Palmen, Blumen, Früchten, Teichen und Tieren. Nach der Besichtigung setzen wir uns hin und trinken mit Jesús Kaffee. Ich kann mich nicht zurückhalten und beginne ihn auszufragen, was ihn aber nicht zu stören scheint, im Gegenteil, er scheint nur auf jemanden gewartet zu haben, dem er seine Geschichte erzählen kann. Manches glaube ich ihm zuerst gar nicht und werde ich später im Internet noch nachrecherchieren, um sicherzugehen, dass er nicht übertrieben hat. Jesús war in jungen Jahren mit dem Fahrrad durch Südamerika unterwegs, er hat Bücher über seine Reisen geschrieben und in Spanien Fernsehsendungen produziert. Die Albergue Humboldt eröffnete er im Jahr 1998. Für etwa fünfzehn Jahre lief sie sehr gut. Neben gewöhnlichen Touristen kamen viele Wissenschaftler zu ihm, um im Regenwald oder bei den indigenen Völkern zu forschen. Er hat sich sehr gut mit den Indigenen angefreundet, wollte sie mit diesem Tourismus unterstützen und helfen, ihre Kultur zu bewahren. Vor einigen Jahren bekam er mehr und mehr Schwierigkeiten mit den Einheimischen des Dorfes, die nicht sehen wollten, dass ein »colono«, ein Spanier, hier so erfolgreich ist. Nach jahrelangem Kampf gegen die Korruption und Bürokratie gab er schließlich auf und sperrte die Herberge zu. Doch er war zu alt und hatte zu viel Geld verloren, um noch einmal seinen Wohnort zu wechseln. Er blieb allein zurück, desillusioniert, verbittert und verarmt. Jesús erzählt uns von den Indigenen, wie sich die ganze Gegend in den vergangenen zwanzig Jahren zum Schlechten entwickelt hat, vom Urwaldjuwel hin zu Umweltzerstörung, Nachbarschaftsneid, Korruption und illegalem Koka-Handel. Davon, dass die Eingeborenen ihre Kultur mehr und mehr gegen Smartphones eintauschen. Wir sprechen an diesem Abend lange, umgeben von Urwaldgeräuschen, über das, was unserer Ansicht nach schiefläuft in der Welt. Jesús wird immer wieder laut, wenn er sich ärgert über die Dummheit vieler Menschen, egal wo auf der Welt, bis sein Gezeter in einem fürchterlichen Raucherhusten endet. Er ist hochintelligent, keine Frage, sehr belesen und gut informiert. Ein klassischer Schüler der Aufklärung, nicht aus Zufall hat er seine Herberge »Humboldt« getauft. Wissen ist für ihn alles, Bildung ist Freiheit. Früher hat er bei einer lokalen Radiostation Klassiker der Weltliteratur vorgelesen, um sie den Menschen der Region zugänglich zu machen. Doch er hat mit der Herberge auch seine Zukunftsvisionen begraben. Die Menschheit richtet sich heute nur noch selbst zugrunde, meint er. Die Gier und Techniksucht machen den intelligentesten Menschen kaputt. Manchmal bin ich geneigt, ihm zuzustimmen, doch dann finde ich in der Diskussion wieder zu neuem Optimismus zurück. War früher wirklich alles besser? Ich frage ihn auch über das Leben der Indigenen vor zwanzig Jahren aus, wir sehen uns Fotos an. Die Bilder wirken idyllisch, fast romantisch, zeigen Urwaldindianer, wie sie klischeehaft dargestellt werden. Doch auch damals ist das zweifellos für Touristen so inszeniert worden und ich stelle mir dieselben Personen in Shorts und T-Shirt mit Smartphone in der Hand vor. Warum finden wir es schade, wenn diese Menschen dafür ihre Kultur zurücklassen, und verschwenden gleichzeitig keinen Gedanken daran, was wir selbst diesen Geräten und »Errungenschaften« opfern? Wie würden wir reagieren, wenn ein Indigener aus dem peruanischen Regenwald uns auf unseren Radiostationen die bekanntesten Mythen und Geschichten seiner Kultur vortragen würde, in der Hoffnung, dass wir endlich verstehen, worum es im Leben wirklich geht? Jesús hatte zweifellos ein gutes Projekt mit seiner Herberge im Sinn, doch er war sich auch immer sicher, dass die einheimische Bevölkerung eine Bildung nach europäischem Vorbild braucht. Wenn ich mir ansehe, mit welcher Selbstverständlichkeit wir uns nun mit unseren Reisen den ganzen Planeten zu eigen machen und unsere Weltsicht so bis in die letzte Ecke des Urwalds tragen, dann muss ich Jesús widersprechen. Doch die meiste Zeit lasse ich ihn reden und erzählen, denn ich will möglichst viel aus seinem bewegten Leben und über die Geschichte dieses Ortes erfahren. Als Tom und ich am nächsten Tag wieder aufbrechen, haben wir außer der Herberge praktisch nichts vom Ort gesehen, dafür mehr Geschichten über ihn erfahren, als wir in mehreren Monaten Aufenthalt selbst hätten erleben können.

* * *

Als wir wieder in Lima ankommen, bin ich froh, dass wir diese Reise unternommen haben. Ich bin Tom dankbar, dass er auf diesen Ausflug gedrängt hat. In Lima werden wir noch mehr als genug Zeit verbringen, und ich will schließlich nicht das Reisen an sich verteufeln. Im Gegenteil, die letzten Tage haben mir erneut gezeigt, dass nicht die zurückgelegten Kilometer oder die absolvierten Besichtigungen Reisen zu etwas Besonderem machen, sondern vor allem die menschlichen Begegnungen.

KLAUS

Als wäre mein schlechtes Gewissen aufgrund meines eigenen ökologischen Fußabdrucks nicht schon groß genug, fühle ich mich zudem noch für vier weitere Langstreckenflüge in diesem Jahr verantwortlich, und zwar für jene von Klaus. Klaus ist mein Arbeitskollege bei der Agentur in Wien, die mir nun dankenswerterweise wieder eine Aufgabe gegeben hat. Davor hatte Klaus erfolglos versucht, in die Pilotenausbildung einer Airline aufgenommen zu werden. Seiner Faszination und Begeisterung für Flugzeuge hat das keinen Abbruch getan. Es konnte vorkommen, dass er für die nur 150 Kilometer lange Strecke zwischen Wien und Linz das Flugzeug nahm oder an einem Montag erzählte, er sei am Wochenende zum Mittagessen nach London geflogen. Das löste natürlich so manche Diskussion zwischen uns aus. Regelmäßig konfrontierte ich Klaus mit seinen CO_2-Emissionen, von den zusätzlichen Klimaschäden durch Kühleffekte, Ozon und vielem mehr ganz zu schweigen.[10] Daraufhin erklärte er mir regelmäßig, dass die Forschung auf einem guten Weg sei, die Emissionen von Flügen auf ein Zehntel zu reduzieren und dass er seine gekauften Flüge als Beitrag zu dieser Forschung betrachte. »Das ist doch alles Greenwashing!«, antwortete ich darauf stets. Bio-

10 www.ftwatch.at/wp-content/uploads/2017/10/FT-Watch_Green-Flying_2017.pdf, S. 4ff. (05.01.2019)

treibstoffe beispielsweise verlagern das Problem nur und zerstören wertvolle Böden durch Monokulturen.[11] Als ich die Agentur verließ, um nach Kanada aufzubrechen, fragte Klaus, ob er mich denn in Ottawa besuchen könne. Was sagt man da als Klimaschützerin? Nein, dann musst du draußen schlafen? Klaus ahnte meine Bedenken bereits und erklärte mir, er würde vermutlich sonst einfach genauso weit woanders hinfliegen. Das gab mir also indirekt die Erlaubnis, ihn willkommen zu heißen. Und so kam mich Klaus vier Monate später tatsächlich für satte vier Tage am anderen Ende der Welt besuchen. Ich profitierte enorm davon, denn ich konnte bei ihm alles bestellen, was ich in Kanada nicht kaufen konnte und schrecklich vermisste. Die skurrile Einkaufsliste für Klaus lautete: Schokolade von *Zotter*, passende Aufsätze für meine elektrische Zahnbürste und hefefreie Gemüsebrühe. Zudem wies ich ihn an, einen großen, möglichst leeren Koffer mitzubringen, den ich ihm dann für den Heimtransport mit inzwischen unnötig gewordener Winterkleidung und Ahornsirup vollräumte, sodass ich mir um mein eigenes Gepäckvolumen zwei Monate später keine Sorgen mehr machen musste. Wir verbrachten ein paar sehr nette Tage mit Sightseeing in Ottawa und Ausflügen in der Nähe. Aufgrund seines kurzen Aufenthalts kam organisatorischer Stress gar nicht erst auf, denn es war sowieso klar, dass wir keine großen Roadtrips machen würden, sondern er einfach nur die Stadt, in der ich wohnte, kennenlernen würde. Als ich Klaus einige Monate später in Wien wiedersah und er mir das übernommene Gepäck übergab, kam irgendwann seine vorsichtige Nachfrage: »Ich würde dich und Tom ja auch in Peru besuchen, wenn das für euch okay wäre …« –

»Wieder nur für ein langes Wochenende?!«

11 stay-grounded.org/infos/impacts-of-aviation/ (05.01.2019)

»Na ja, länger kann ich wahrscheinlich einfach nicht freinehmen …«, grinste Klaus.

Ich gab mich geschlagen, ich konnte sowieso nichts gegen Klaus' Hobby ausrichten. Also lud ich ihn natürlich auch nach Lima ein.

»Du wirst bestimmt wieder viel leeres Gepäck mitbringen müssen«, zwinkerte ich ihm zu.

»Nichts leichter als das!«

Tatsächlich hole ich jetzt gerade Klaus und seinen großen, federleichten Koffer in der Ankunftshalle von Limas Flughafen ab. Wir freuen uns über unser Wiedersehen und ich realisiere, dass er außer Tom nun der Einzige sein wird, der meinen Alltag sowohl in Kanada als auch in Peru miterlebt hat. Klaus hat diesmal ohne meine Bitte jede Menge *Zotter*-Schokolade mitgebracht, was für mich in diesem Moment bereits jeden Flug rechtfertigt. Doch als ich ihm noch am selben Tag die Pazifikküste zeige und wir durch einen Park spazieren, starte ich meinen ersten Diskussionsangriff. Diesmal bin ich viel informierter als noch vor einem Jahr in Wien, und ich will von Klaus noch mal wissen, wie er seine Flug-Emissionen rechtfertigt. Die technischen Innovationen stoßen jetzt schon an ihre Grenzen, wie ich inzwischen weiß, und der Rebound-Effekt[12] führt im Flugverkehr genauso wie bei E-Mobilität und vielen anderen Klima-Themen dazu, dass der Kerosinverbrauch linear zu seinen Einsparungen in vermehrtem Flugaufkommen wächst – zuletzt bis auf über das Doppelte.[13] Zudem rechnet die International

12 Der Rebound-Effekt besagt, dass der Umstieg auf ökologischere Technologien nicht zu einer Verringerung von Umweltschäden führt, weil Menschen die »grünen« Technologien dafür umso häufiger nutzen. Das führt zwar zu einem besseren Gewissen, aber zur selben Menge an Umweltschäden.

13 systemchange-not-climatechange.at/de/nachhaltiges-fliegen/ (29.04.2018)

Civil Aviation Organization (ICAO) bis 2050 mit einer Emissionssteigerung durch Flugverkehr von 300 bis 700 Prozent![14] Klaus muss zugeben, dass sein »Beitrag zur Forschung« nicht mehr realistisch ist, sondern dass wir beide schlicht und ergreifend zu den drei Prozent der Weltbevölkerung gehören, die ganz alleine, nur durch ihre Flüge, schon fünf Prozent der gesamten klimaschädlichen Emissionen in diesem Jahr verursachen.[15] Dass Klaus nun mal gerne fliegt, sich genau über den Flugzeugtyp informiert, bevor er einsteigt, Flugsicherheitsbroschüren sammelt und vor dem Aussteigen in jedes Cockpit schaut, das kann ich zwar nicht nachvollziehen, akzeptiere ich aber gerne. Und da liefert Klaus mir noch zwei sehr ehrliche Gründe für seine kurzen Besuche an weit entfernten Orten: »Aus dem Flieger zu steigen, gibt mir einfach ein anderes Gefühl der Unerreichbarkeit als nach einer Zugfahrt, auch wenn das heute vielleicht gar nicht mehr so stimmt. Unser Chef kann mich hier genauso erreichen wie in Linz. Außerdem, das weiß ich selbst ganz genau, ist es pure Flucht.« Ich bin beeindruckt. Viele Menschen, die viel seltener fliegen, würden nicht so offen zugeben, dass sie meistens nur weit wegwollen, um weg von zu Hause und einfach woanders zu sein. Klaus fährt fort: »Ich weiß auch, dass ich es kaum länger als vier Tage anderswo aushalte, denn dann habe ich schon wieder das Bedürfnis, produktiv zu sein. Darum bin ich auch in Kanada gar nicht länger geblieben.«

Da habe ich also meinen Besucher, der völlig offenherzig zu seinem riesigen ökologischen Fußabdruck und seinen Verdrängungs- und Eskapismusstrategien auf Kosten der Umwelt steht. Ich muss gestehen, dass ich seine Gedanken

14 ec.europa.eu/clima/policies/transport/aviation_en (05.01.2019)
15 www.dw.com/de/der-klimawandel-und-das-fliegen/a-42094220 (06.04.2018)

nur zu gut nachvollziehen kann. Habe ich zu Hause nicht immer dann Fernweh bekommen, wenn etwas – eine Beziehung, ein Job, ein Plan – nicht nach meinen Wünschen verlief? Trotzdem bleibe ich hartnäckig: Könnten sowohl Klaus als auch ich nicht das nächste Mal »bloß« nach Italien flüchten, oder in die heimischen Berge?

»Ich könnte schon, aber das ist einfach nicht dasselbe. Solange ich mir die Flüge leisten kann – warum sollte ich etwas ändern?«

Damit hat er leider recht. Die meisten Flüge sind für uns viel zu billig, leider oft sogar billiger als Zugfahrten, während beide Arten zu reisen für große Bevölkerungsteile immer noch unleistbar sind. Wie sollen wir das jemals in den Griff bekommen? Ich habe viele völlig unrealistische Ideen, die ich Klaus unterbreite, wie ich mir fairen Flugverkehr vorstelle. Dein erster Flug ist billig, doch dann steigen mit jeder weiteren Buchung die Gebühren. Wer einen Flug bucht, darf frühestens einen Monat später zurückfliegen. Menschen dürfen nur noch bis zum fünfunddreißigsten Lebensjahr fliegen. Jeder bekommt ein lebenslanges Flugmeilen-Konto, und wer es aufgebraucht hat, darf einfach nicht mehr fliegen. Allein die Überlegung, was solche radikalen Maßnahmen mit den Machtstrukturen in Wirtschaft und Politik anstellen würden, finde ich schon aufregend. So einfach ist es aber leider nicht. Selbst wenn solche Modelle umsetzbar wären, würden sie wirklich etwas bringen?

Das Bemerkenswerte ist ja, dass Menschen heute nicht mehr reisen als früher. Menschen haben über die Jahrhunderte im Durchschnitt immer die gleiche Zeit für Reisen aufgewendet, doch die benutzten Maschinen werden eben mächtiger, schneller und billiger.[16] Wir entscheiden für

16 Das erklärt der Soziologe John Urry in diesem Video: www.youtube.com/watch?v=G22hDmpfELk (05.01.2019)

uns selbst, ob die Dauer und der Preis der Reise in einem vernünftigen Verhältnis zu unserem Aufenthalt stehen. Sitze ich zwei Stunden im Zug, um meine Eltern zu besuchen, kann ich noch am selben Tag zurückfahren. Brauche ich sechs Stunden für die Strecke, werde ich bestimmt ein oder zwei Mal übernachten. Wien–Lima mit dem Flieger dauert mindestens sechzehn Stunden, Klaus bleibt für vier Tage – selbst bei einer Zugfahrt fände ich das knapp bemessen, doch für Klaus ist das akzeptabel. Nur weil wir in der Dauer keinen Unterschied zwischen Zugfahren, Radfahren und Fliegen bemerken, rechtfertigt das noch lange nicht weite Distanzen für kurze Aufenthalte. Doch wie können wir uns dessen bewusst werden, wenn die Ticketpreise das nicht ausdrücken?

* * *

Wenn Tom sein Studium in Lima beendet hat, wollen wir auch noch andere Länder sehen. Natürlich ohne Flüge, alles mit dem Bus, keine Frage. Wir planen eine Reise nach Ecuador, vier Wochen, was eigentlich bereits zu wenig ist, um dieses vielfältige Land kennenzulernen, wie wir beim Schmökern im Reiseführer bemerken. Im *Lonely Planet* finden wir natürlich auch ein ganzes Kapitel über die Galápagos-Inseln. Die Bilder sind atemberaubend, nicht ohne Grund sind diese Inseln als »Darwins Paradies« bekannt geworden. Wir beginnen, nur mal so aus Interesse, zu recherchieren, was Flüge dorthin kosten würden. Nicht wenig, aber leistbar. »Wie lange sollten wir denn dortbleiben, damit es sich lohnt?«, frage ich Tom, der gerade den Reiseführer in der Hand hat. »Schon mindestens zehn Tage, eher zwei Wochen.« Das sind zwei Wochen, die wir dafür am Festland von Ecuador weniger haben. Der Gedanke ist trotzdem reizvoll. Ist das nicht womöglich meine einzige

Chance im Leben, dorthin zu kommen? Schließlich werde ich kaum noch mal nach Südamerika fliegen, vor allem nicht mit meinen jetzigen Überzeugungen. Und auf eine Insel muss man nun mal fliegen, so ist das eben, dorthin können wir nicht mit dem Bus fahren. Inseln haben für mich einen ganz eigenen Reiz. Vermutlich auch deshalb, weil einige meiner eindrucksvollsten Reisen mich auf Inseln geführt haben, besonders jene nach Rodrigues.

Das völlig isolierte, vierzehn Kilometer lange Inselchen mit weniger als 20.000 Bewohnern ist ein magischer Ort der Abgeschiedenheit und Ruhe. Ich verbrachte gemeinsam mit einer Freundin eine Woche auf diesem kleinen Flecken Erde, der auf den meisten Weltkarten nicht einmal sichtbar ist. Wir hatten Zeit, sämtliche Details kennenzulernen, manche Orte sogar zweimal zu besuchen. Am Ende der Woche kannten uns die meisten Menschen in der »Hauptstadt« der Insel bereits, Polizisten, Markthändler, Soldaten, hängen gebliebene Europäer. Ich glaube, wir fühlen uns auf Inseln oft so wohl, weil die Inselküste unserem Entdeckungsdrang natürliche Grenzen setzt. Wäre Rodrigues am Festland, wir wären vermutlich nach zwei Tagen weitergezogen. Doch so war der Abflug fixiert und wir waren allein schon deshalb entspannter, weil wir wussten, dass wir unglaublich viel Zeit für wenig zu entdeckendes Gebiet zur Verfügung hatten. Warum machen wir es dann nicht immer so, wenn wir unterwegs sind? Brauchen wir dafür die Situation der Insel, die uns, wie das Ende der To-do-Liste, das Erreichen aller Ziele durch ihre geografischen Grenzen aufzeigt? Meist denken wir in der Größenordnung von Ländern, die wir bereisen wollen, und nicht in kleinen Regionen. Das führt vor allem zu Stress, wenn man nicht gerade plant, Liechtenstein zu bereisen. Galápagos besteht aus dreizehn Inseln, die besucht werden können. Das macht den stressfreien Charakter des Inselbesuchs bereits zunichte. Bei weiterem Einlesen merke ich schnell, dass wir mit zwei Wochen Aufenthalt weder Galápagos noch dem ecuadorianischen Festland gerecht werden können. Zu vieles wäre sehenswert, zu vieles verdient längere und genauere Aufmerksamkeit. Mit einem kleinen Gefühl der Enttäuschung, aber auch mit großem Stolz und der Gewissheit, richtig entschieden zu haben, kehren Tom und ich dem Galápagos-Plan wieder den Rücken zu.

UNGERECHTIGKEITEN

Es wird Ende November, ich lebe nun schon seit vier Monaten in Lima. Die gewonnene Routine ist zu meinem Alltag geworden, ich fühle mich hier zu Hause. Wir haben uns einen Freundeskreis aufgebaut, bestehend aus ein paar europäischen Austauschstudenten, Volontären wie Élise und vielen Peruanern aus allen Teilen des Landes, die versuchen, sich in Lima eine Existenz aufzubauen. Toms Studienjahr in Lima neigt sich dem Ende zu und wir wollen mit unseren Freunden noch mal so richtig feiern gehen, bevor wir unsere Rucksäcke packen und Richtung Bolivien aufbrechen. Wir treffen uns in der WG unserer besten Freunde, wo die meisten Club-Touren beginnen. Da sind Maluki, der große, schlaksige, etwas verrückte Percussionist mit dem riesigen Afro, und seine Freundin Theresa aus Deutschland, Daniel, der kolumbianische Unternehmensberater, Guillermo, der Modefotograf, Gaby, die gelernte Gastronomin, die zurzeit Arbeit sucht und wieder bei ihren Eltern wohnt, Karen, die Jurastudentin aus gutem Hause, Fernando, der wieder aus Lima weg, zurück zu seinen Eltern ziehen muss, wenn er nicht bald einen Job findet, João, der bekennende Hipster und selbstständige Yogalehrer. Und dann ist da noch Kevin, mi hermano, ein tiefsinniger Poet und Studienabbrecher, der permanent pleite ist, weil er sich meistens schon am zweiten Tag in einem neuen Job einfach nicht aufraffen kann, hinzugehen.

Manche in dieser Runde sind schon beruflich oder privat in andere Länder und auf andere Kontinente gereist, für andere bleibt das ein weit entfernter Traum. Nach dem dritten Bier beginnt Kevin so wie meistens davon zu reden, dass er möglichst bald nach Europa kommen will. Tom sagt ihm, ebenfalls so wie immer, dass er bei uns jederzeit willkommen ist und gerne auch mehrere Wochen bei uns wohnen kann. Wir stellen uns alle drei gemeinsam schon leicht angetrunken vor, wie toll es werden könnte, gemeinsam Zeit in Österreich zu verbringen. Ich komme nicht umhin, an all die wunderbaren Menschen zu denken, mit denen ich mich bereits in der ganzen Welt angefreundet und mit denen ich ähnliche Pläne geschmiedet habe. Meine Gastschwester in Senegal wird mich zu ihrer Hochzeit einladen, wenn es so weit ist, meine kanadischen Nachbarn wollen mich in Österreich besuchen, mit meinen Erasmus-Freundinnen versuche ich seit Jahren vergeblich, eine »Reunion« zu organisieren. Dieses Projekt scheint leider aussichtslos zu sein, ich habe keine Ahnung, ob meine senegalesische Schwester vielleicht bereits verheiratet ist, und mit meinen kanadischen Nachbarn spreche ich nach nur wenigen Monaten kaum mehr. Doch so läuft es zum Glück nicht immer: Eine Erasmus-Freundin ist meine Mitbewohnerin in Wien geworden, ein paar Menschen aus Frankreich und Kanada stehen mir immer noch sehr nahe und ein Freund aus Dakar ist für ein Volontariat nach Österreich gekommen, auch wenn er aufgrund des großen Kulturschocks früher wieder abgereist ist. Wenn Tom also Kevin oder andere Freunde überschwänglich zu uns einlädt, dann halte ich ihn nicht zurück, doch ich denke sehr wohl daran, wie schwer es vorauszusehen ist, wohin sich unsere Freundschaften entwickeln werden. Unsere vernetzte Welt macht es leicht, in Kontakt zu bleiben, aber ebenso leicht, sich neuen Menschen zuzuwenden, anstatt die alten im Auge zu behalten. Einmal in die Heimat zurückgekehrt, ist der Alltag ganz schnell wieder da, die Wiedersehensfreude mit den Freunden vor Ort groß und das regelmäßig geplante Skype-Gespräch bald vergessen. Trotzdem sind neue Freundschaften an neuen Orten oft etwas ganz Besonderes, und ich glaube zu wissen, warum. Wir begegnen neuen Menschen vorurteilsfrei, offen für alles, was sie sein könnten. Keine Erwartungen, keine Schubladen. Das ist eine große Chance. Auch für mich war das oft eine riesige Erleichterung. Kein vorgefertigtes Image, keine Urteile, und vor allem keine Angst vor bestehenden Meinungen. Wäre es nicht ideal, wenn wir auch den Menschen, die wir schon lange kennen, jeden Tag so begegnen könnten, ihnen die Chance geben, alles zu sein, was sie sein möchten? Gleichzeitig kann nichts, das hat uns schon der kleine Prinz gelehrt, die gemeinsam verbrachte Zeit ersetzen, die zwei Menschen verbindet. Hat er damit auch Zeit auf Skype, Facebook oder WhatsApp gemeint? Wir alle haben nur begrenzt Zeit zur Verfügung, um sie mit Menschen zu verbringen, die uns wichtig sind. Darum werden es wahrscheinlich immer flüchtigere Freundschaften, je mehr es werden. Durch meine ständigen Ortswechsel habe ich schon viele Menschen aus den Augen verloren, auch in Österreich, die ich heute nicht mehr anzurufen wage, aus Angst vor dem Vorwurf, dass ich mich so lange nicht bei ihnen gemeldet habe. Vermutlich könnte ich einen ganzen Sommerurlaub mit dem Laptop auf dem Schoß auf meinem Balkon verbringen und via Skype alte Freundschaften auffrischen – eigentlich eine schöne Art, nochmals um die Welt zu reisen.

* * *

Während Tom und Kevin weiterhin Pläne für Kevins Besuch in Österreich machen, mische ich mich unter die bunte Menge auf der Tanzfläche. Ein klassischer kultureller Unterschied, den ich einfach bestätigen muss, ist: ALLE tanzen hier. Denn wer beim Feiern tanzt, braucht weniger Geld für Getränke. Nur wer tanzt, nimmt hier wirklich an der Party teil. Die wenigstens stehen abseits und schauen bloß zu.

Manche unserer peruanischen Freunde sind arbeitslos, andere berufstätig, die einen laden wir hin und wieder auf ein Getränk oder ein Essen ein, wissend, dass sie sparsam leben müssen. Von anderen lassen wir uns gerne selbst einmal einladen. Doch egal ob sie einen guten Lebensstandard haben oder nicht, jung oder alt sind, viel oder wenig Bildung erhalten haben, ausnahmslos alle sprechen wie Kevin davon, dass sie gerne nach Europa oder Nordamerika gehen wollen. Einfach um zu reisen, vielleicht auch, um einen Job zu finden und dort zu bleiben, wer weiß. Intuitiv kann ich dazu nur sagen, was ich auch Kevin gesagt habe: »Voll super, klar, mach das! Das wird bestimmt eine tolle Erfahrung.« Genauso, wie ich es zu jedem in Europa instinktiv sagen würde, der nach Südamerika reisen oder sogar auswandern will. Doch eigentlich will ich sie alle, Peruaner wie Europäer, zuerst fragen: »Warum? Ist das nötig? Was tust du, wenn es nicht so wird, wie du es dir vorstellst?« Denn die unangenehme Wahrheit ist, dass eine Abreise in der Hoffnung, eine neue Heimat zu finden, ordentlich nach hinten losgehen kann. Du könntest feststellen, dass du ohne die Landessprache nicht weiterkommst und dass es ganz schön schwer ist, diese so gut zu beherrschen, dass du in ihr arbeiten kannst. Du könntest feststellen, dass die Menschen dir gegenüber Vorurteile haben und dich unfair behandeln, sowohl als Gringo in Südamerika als auch als Latino in Europa. Du könntest realisieren, dass deine verklärten Vorstellungen von diesem fremden Land völlig verzerrt waren und es sich in vielen Dingen

gar nicht so sehr von deinem Zuhause unterscheidet. Von den bürokratischen Hürden für alle, die dauerhaft bleiben wollen, möchte ich gar nicht zu sprechen anfangen. Und dann könntest du bemerken, dass eine Person wie du, mit guter Ausbildung, in deiner Heimat eigentlich dringend gebraucht wird – Diagnose »Brain Drain«[17]. Der unfaire Unterschied liegt darin, dass westliche Auswanderer einfach nach Hause fliegen und dort weitermachen können, wo sie vorher aufgehört haben, während südamerikanische Auswanderer häufig ihr ganzes Erspartes in diese Hoffnung stecken. Natürlich gibt es in alle Richtungen genügend Beispiele, die zeigen, dass es auch klappen kann. Eine bunte, multikulturelle Welt lebt davon, dass Menschen immer wieder diesen Versuch starten und damit Erfolg haben. Was ich nicht verstehe, ist, weshalb in der Bildungselite weltweit nur das Streben nach Internationalität angesehen ist. Wieso sind Exotismus und Globalisierung immer noch so »in« und warum verdient es keinen Respekt, wenn jemand bewusst nur in seiner Heimat leben und arbeiten will, zum Beispiel aus Dankbarkeit für die Chancen, die uns hier gegeben werden? Ich habe zusammengerechnet, wie viel Förderung ich innerhalb von sechs Jahren Studium vom Staat Österreich und der Europäischen Union erhalten habe. Als einziges Kind wohlhabender Eltern habe ich keine Studienbeihilfe bekommen, trotzdem sind an mich für fünf Monate Erasmus-Aufenthalt, fünf Monate Non-EU-Exchange und zwölf Monate Bildungskarenz insgesamt über 10.000 Euro geflossen. Zehn. Tausend. Euro. An mich, eine Person, eine Studentin. Das ist der pure Luxus, Lebenserfahrung und Freiheit, finanziert von österreichischen Steuerzahlern. Als peruanische Lehrerin hätte

17 »Brain Drain« bezeichnet die Abwanderung von gut ausgebildeten Personen in andere Länder.

ich dafür allein schon zweieinhalb Jahre arbeiten müssen. Ich kenne niemanden in Peru, der auch nur annähernd so viel Unterstützung von seinem Staat erhält. Ich glaube, ich kenne überhaupt niemanden in Peru, der überhaupt staatliche Hilfe bekommt. Sind wir uns dieses Privilegs wirklich bewusst, während wir mit Rum-Cola und Joint in der Hand in internationaler Runde über eine fairere Welt philosophieren und später unserem Uber-Chauffeur ins Auto kotzen? Wir haben den Jackpot gewonnen, noch bevor wir unsere erste Windel angepinkelt haben. Den Jackpot einer Lotterie, die menschengemacht ist. Was will ich damit sagen, außer uns allen ein furchtbar schlechtes Gewissen einzureden? Nur weil uns Möglichkeiten geschenkt werden, müssen wir sie nicht als selbstverständlich ansehen. Wie würden meine peruanischen Freunde mit einer solchen Chance umgehen? Sorgfältig. Sie würden das meiste daraus machen, nicht zu irgendwelchen Feiertagen nach Hause fliegen, sondern die volle Dauer ihres Aufenthalts ausnützen. Sie würden dankbar diese Zeit für ihre Selbstverwirklichung nutzen und es dann aber auch wieder einmal eine Weile gut sein lassen. Für viele von uns ist Selbstverwirklichung aber ein Dauerbrenner geworden, ein Selbstzweck. Ich habe schließlich vorgemacht, wie man Förderung an Förderung reihen kann, um möglichst lange ein lockeres Leben in allen Teilen der Welt zu verbringen. Werde ich daran denken, wenn mein Wecker frühmorgens klingelt, damit ich pünktlich zu meinem Achtunddreißigstundenjob komme? Es würde mir das Aufstehen erleichtern. Für den Moment mache ich es so wie die Menschen rund um mich: Wir stellen uns mitten auf die Tanzfläche, anstatt nur vom Rand zuzusehen. Wer weiß, wann sich die nächste Gelegenheit für eine solche Party bietet.

* * *

In der nächsten Tanzpause fragt Gaby mich, in welchen Ländern der Welt ich schon gewesen bin. Ich zähle, nicht ganz ohne Stolz, auf: »Österreich, Deutschland, Schweiz, Italien, Kroatien, Dänemark ... dann Großbritannien, Irland, Spanien, Portugal und Frankreich ... ach ja, auch Belgien, Tschechien, Ungarn, Slowenien und Slowakei. Außerhalb von Europa noch in den USA, Kanada, Senegal, Gambia und Mauritius. Und natürlich Peru! Und bald werde ich auch Bolivien, Chile, Ecuador und Kolumbien kennenlernen.« Oje, ich klinge schon wie mein Vater, wenn er mit seinen Reisen angibt. Zum Glück ist nirgendwo eines dieser Länder-Aufrubbel-Poster in Sicht, mit denen der smarte Mensch von heute seine Wohnung schmückt, um jedem Besucher seine Weltgewandtheit vorzuführen. Im nächsten Moment ärgere ich mich, dass meine Aufzählung Gaby jetzt beeindrucken und neidisch machen wird. Gaby ist zwei Jahre älter als ich, doch sie hat Peru noch nie verlassen. Ich will nicht, dass sie meine Reiseerfahrungen überhöht, denn ich finde nicht, dass sie mich zu einem besseren oder klügeren Menschen gemacht haben. Aber würde ich heute auch so kritisch über das Reisen denken, wenn ich nicht die Chance gehabt hätte, so früh so vieles mit eigenen Augen zu sehen? Wahrscheinlich würde ich wie Gaby immer noch vom Weltenbummeln träumen. Reisen bildet, von mir aus. Doch ich kenne so viele unglückliche, weitgereiste Idioten und so viele zufriedene, dankbare und lebenskluge Menschen, die nur selten über ihr Heimatland hinausgekommen sind. Bildung ist nicht alles, und nicht nur, wer ein Flugzeug besteigt, kann eine Reise tun.

WIEDER EINPACKEN

BACKPACKING

Unsere Zeit in Lima geht zu Ende, wir packen unsere Rucksäcke. Die nächsten drei Monate werden Tom und ich richtige Backpacker werden – solche Traveller, die ich selbst seit Monaten am allermeisten kritisch und oft auch spöttisch beäuge. Ich habe noch keine Ahnung, wie ich dieser Zeit entgegensehen soll, wie ich sie gestalten will. Die Wahrheit ist: Wir fühlen uns sogar ein bisschen verpflichtet, diese Reise zu machen. Immerhin haben wir jetzt die Zeit und das Geld, um noch mehr Länder in Südamerika kennenzulernen, der Flug ist außerdem schon passiert, also werden wir noch so lange wie möglich hierbleiben. Von der bekannten Umgebung in Lima, vom Komfort unseres eigenen Bettes und den gewohnten Möglichkeiten in dieser Stadt verabschieden wir uns. Neben ein wenig Wehmut ist auch Vorfreude in mir, auf neue Orte, neue Gesichter, neue Erlebnisse, Entspannung und Abwechslung. Die erste Woche unserer Reise wird uns durch den Süden Perus führen, bevor wir Bolivien erreichen. Nach einer ersten langen Nacht im Bus kommen wir in einer Andenstadt an, die Tom bereits einmal besucht hat und wo er einen Couchsurfing-Host kennt, den wir auch bereits in Lima getroffen haben. Nun wollten wir Misaels Einladung, bei ihm zu wohnen, folgen – auch wenn Tom mich vor dem etwas seltsamen Haushalt warnte. Ich hatte Misael in Lima immer als sehr typischen Peruaner empfunden: Er kommt

meist zu spät, gibt viele höfliche, aber wenig aussagekräftige Floskeln von sich, wohnt mit fünfunddreißig noch bei seiner Mutter, auch um sie zu unterstützen, und schlägt sich selbst mit Gelegenheitsarbeiten durchs Leben.

Wir rollen unsere Schlafsäcke auf zwei zerrissenen Matratzen in dem heruntergekommenen Haus, in dem die Zeit stehen geblieben zu sein scheint, aus. Misaels Mutter ist eine uralte, traditionell gekleidete Frau, die wenig Spanisch spricht. Trotzdem hat sie bereits Menschen aus aller Welt kennengelernt und bei sich beherbergt, denn Misael ist ein sehr fleißiger Couchsurfing-Host, der viel Zeit hat und darum gerne Gringos durch seine Gegend führt. Uns nimmt er mit zu seiner »Hauptattraktion« in ein kleines, entlegenes Dorf, wo selten Touristen landen, weshalb Tom und ich uns auch sehr beobachtet fühlen. Wir besuchen dort Misaels Cousin »Eco«, einen einarmigen Maler. Eco lebt in einer verfallenen Hütte, in der vor lauter wandgroßen Gemälden kaum Platz für seine Schlafpritsche ist. Laut ihm gehörte dieses Haus einst Simón Bolívar, dem Befreier Südamerikas, was ich insgeheim stark bezweifle. Hier erschafft Eco heute seine skurrilen Werke. Porträts von Bolívar, Túpac Amaru, Adolf Hitler, Jesus, der Heiligen Santa Rosa von Lima, Che Guevara, Einstein, Michael Jackson und immer wieder von sich selbst, oft in den seltsamsten Konstellationen, finden sich auf Leinwänden oder direkt auf den Mauern der Hütte. Er erklärt uns Details der Bilder, man merkt, wie belesen er ist. Er philosophiert über Christlichkeit und den Kommunismus des Che. Er selbst trägt die Haare wie Che, und Fotos in der Hütte zeigen, dass er früher auch Bart und Mütze seinem Vorbild nachahmte. Eco trägt ausgelatschte schwarze Lederstiefel, eine alte, dreckige Hose, unter der ein Stück Stoff einer Unterhose des »Ejército del Perú« hervorblitzt. Sein Oberkörper ist frei, man kann ein paar grob gezeichnete, eintätowierte Muster auf seiner linken Schulter erkennen. An einem dicken Lederband trägt er einen Schlüssel um den Hals. Auf dem Kopf hat er einen Sonnenhut, der eher zu einem deutschen Touristen passen würde. Er sieht verbraucht aus und ist gleichzeitig auf seltsame Art attraktiv. Wie er mit mir spricht und wie sein Blick mich im Gespräch durchdringt, macht schnell klar, dass er stets ein Frauenheld gewesen ist, bevor er sich vor drei Jahren hierher zurückgezogen hat. Es ist eine spannende, aber auch anstrengende Begegnung, seine verwirrend vermischten Ansichten über Weltpolitik und die Lage Südamerikas machen das Gespräch schwierig und motivieren mich auch nicht sonderlich dazu, es weiterzuführen. Er schenkt uns zum Abschied eines seiner Bilder. Ich bin erleichtert, dass es ein eher klassisches Touristenmotiv ist und keines, das Adolf Hitler zeigt. Zurück in der Stadt geraten Tom und Misael in eine Diskussion über ein oft sensibles Thema zwischen Couchsurfing-Host und Gast: das Geld. Die Online-Plattform Couchsurfing funktioniert völlig ohne Bezahlung, weshalb sie im Gegensatz zu Airbnb tatsächlich die Überschrift »Sharing is caring« verdient. Es gehört gerade deshalb zum guten Ton, den Gastgeber irgendwie zu beschenken, in der Form, die man sich als Gast leisten kann: Manche bekochen ihre Hosts, andere bringen typische Lebensmittel von zu Hause mit, andere laden zum Essen oder auf Getränke ein. Tom und ich haben Misael mehrfach zum Essen eingeladen, und da er keine Anstalten machte, irgendwann etwas selbst zu bezahlen, fühlten wir uns nach zwei Tagen etwas ausgenutzt. Als Tom wagt, das anzusprechen, ist Misael sehr überrascht, zeigt sich aber verständnisvoll. Er betont, dass er nicht auf unsere Einladung angewiesen sei und entschuldigt sich wortreich. Die Stimmung scheint aber seltsam gebrochen zu sein, die Lockerheit ist verschwunden. Tom und ich unterhalten uns vor dem Schlafengehen noch lange über den

Abend. So sehr wir das System von Couchsurfing schätzen, um »authentische« Begegnungen zu erleben – wenn westliche Touristen in durchschnittlich ärmere Länder reisen, ist der Konflikt über die Frage »Wer bezahlt?« nicht weit. Werden wir permanent als reich betrachtet und sind wir das nicht auch, also sollten wir nicht einfach auch alles bezahlen? Oder ist es als Student, der selbst mühsam auf diese Reise gespart hat, nicht trotzdem nur fair, auf Kostenteilung zu beharren? Wir fragen uns, wie wohl die vielen bisherigen Gäste von Misael mit diesem Thema umgegangen sind. Eines steht fest: Angesprochen hat es anscheinend bisher niemand. Dafür bekommen wir am nächsten Tag die Rechnung präsentiert. Misael eröffnet uns nach dem Aufstehen kühl, dass er krank sei, auch wenn wir ihm nichts ansehen können. Wir sollen an diesem Tag selbst auf Erkundungstour in die Stadt gehen, was uns bei der eisigen Stimmung, die von ihm ausgeht, nur recht ist. Als wir abends zurückkehren, verhält er sich genauso, obwohl er offensichtlich tagsüber fit genug war, um Verwandte zu besuchen. Nachdem wir unsere Rucksäcke gepackt haben, startet Tom noch einen Anlauf. Er fragt Misael, ob er noch mit uns zu Abend essen wolle, schließlich wissen wir nicht, wann wir uns das nächste Mal begegnen werden. »Wenn nicht in diesem Leben, dann eben in einem anderen Leben«, lautet Misaels knappe Antwort, und er lehnt das gemeinsame Essen ab. Enttäuscht über die Feindseligkeit, mit der er uns nun begegnet, reisen wir ab. Das Letzte, was wir wollten, war die Bestätigung von Vorurteilen zu entdecken, doch nun ist es trotzdem dazu gekommen: Die Gringos waren nur willkommen, solange sie nicht unangenehm geworden sind. Das offene Gespräch vom Vorabend war wohl eine Grenzüberschreitung für Misael. Desillusioniert und vor allem enttäuscht von unserem eigenen interkulturellen Scheitern reisen wir weiter. Für Tom ist die

Frustration noch größer, denn er kannte Misael besser als ich und versucht seit über zehn Monaten vergeblich, sich möglichst gut in Peru zu integrieren, sowohl sprachlich als auch in den Umgangsformen. Immer wieder stößt er dabei an eine unabänderliche Grenze: Seine Hautfarbe und sein Aussehen machen es ihm unmöglich, als Peruaner wahrgenommen zu werden. Als geschichtsbewusster Wirtschaftsstudent geht er immer auch mit dem Wissen, dass der Westen die miserable Situation Perus stark mitverschuldet hat, durch dieses Land und versucht ganz besonders, alle Menschen auf Augenhöhe zu behandeln. Darum versichere ich ihm auch: Misael auf das Ungleichgewicht anzusprechen, war völlig richtig. Viele Backpacker kommen gar nicht erst in die Verlegenheit einer solchen Situation, weil sie eine so persönliche Begegnung mit Einheimischen überhaupt nicht eingehen. Wer es doch tut, zückt womöglich andauernd seine Brieftasche mit dem Gedanken »Die Armen haben halt nichts« und behandelt sie damit eher kolonialistisch als auf Augenhöhe. Im Bus auf dem Weg in die nächste Stadt gestehen wir uns ein, dass wir erschöpft sind von den vielen kulturübergreifenden Begegnungen, die uns auch in Lima oft viel Energie gekostet haben. »Gringo Ground Zero«, das uns bereits bekannte Touristenzentrum nahe dem Machu Picchu, ist eine willkommene Abwechslung. Hier wird kein Gringo mehr angegafft, und ein eigenes Hotelzimmer mit Warmwasser ist schnell gefunden. Wie so oft merke ich, dass der zweite Besuch an einem Ort oft schöner ist als der erste. Ich spüre regelrecht den Freudentanz meiner Gehirnsynapsen beim Wiedererkennen schon bekannter Gassen und fühle mich gleich ein bisschen zu Hause. Am Nebentisch in unserem Stammcafé sitzt eine polyglotte Europäerin, die mit allen plaudern und von ihren zahlreichen Reiseerfahrungen berichten will. Eine Gruppe fotografierender Asiaten zuckelt vorbei. Ein alternativ aussehendes Pärchen spaziert durch die Straßen und bemüht sich, nicht wie Touristen zu wirken, scheitert aber naturgemäß daran – ertappt, das sind wir. Sollen wir es einfach gar nicht mehr versuchen und uns unserem Schicksal fügen? Die Kamera und den Stadtplan zücken und der nächsten Sehenswürdigkeit nachjagen?

Gerade als wir unser Ideal, möglichst viele peruanische Lebenswelten kennenzulernen, hintangestellt haben, treffen wir auf eine ganz außergewöhnliche junge Peruanerin. Wir kehren abends in unser Hotel zurück, wo uns Nayda, die Leiterin der Unterkunft, begrüßt. Aus einem kurzen Small Talk mit der gut gelaunten Frau wird ein intensives Gespräch an der Rezeption. Nayda erzählt uns von ihrer Familie am Land und den gesellschaftlichen Zwängen, aus denen sie ausgebrochen ist, um sich selbst in der Stadt ein Leben aufzubauen. Sie ist die emanzipierteste Frau, die ich bisher in Peru kennengelernt habe, und wir unterhalten uns lebhaft bis spät in die Nacht hinein. Als ich mir danach im Zimmer die Zähne putze, blicke ich kopfschüttelnd in den Spiegel und sage mir: »Da dachtest du, du hast genug von peruanischen Bekanntschaften und gehst ins fein abgeschottete Hotel. Und hier findet eine deiner positivsten Begegnungen statt! Wie ist das möglich?« Kontaktbereitschaft ist die eine Sache, doch vor allem die Fähigkeit zur Kontaktaufnahme ist entscheidend. Je mehr ich selbst in der Welt unterwegs war, umso mehr wunderte ich mich, wie mein Vater ohne jegliche Spanischkenntnisse durch Südamerika reisen konnte. Ein Gespräch mit Nayda wäre ihm in dieser Form nie möglich gewesen. Die meisten Begegnungen, die das Reisen für mich selbst prägten, wären für ihn unmöglich gewesen. Es stimmt schon, wer Englisch spricht, kommt auf der ganzen Welt zurecht. Besser gesagt: Auf Englisch kannst du überall dein Geld ausgeben. Aber Menschen besser kennenlernen, die wirklich anders sind als du, die nicht deine Hostel-Zimmerkollegen sind – dafür musst du ihre Sprache sprechen. Manche finden es besonders mutig, ohne Sprachkenntnisse zu reisen. Mich selbst macht es furchtbar nervös, die Menschen rundherum nicht zu verstehen und mich nicht mitteilen zu können. Gleichzeitig hat das auch etwas Positives: Es macht mir bewusst, wie wenig ich doch von dieser Welt weiß und tatsächlich verstehe. Wären wir alle bessere Touristen, wenn wir nur dorthin reisen würden, wo wir in der Landessprache zumindest ein Gespräch führen können? Oder macht uns unsere Unwissenheit aufmerksamer für andere Dinge?

CLANDESTINA

Wir steigen in einen Bus, der uns in einer weiteren Nachtfahrt nach La Paz in Bolivien bringen wird. Es ist interessant, wie diese Idee, ein neues Land zu betreten, sofort Erwartungen hervorruft. Warum sollte sich durch eine von Menschen gezogene Grenze hier etwas markant verändern? Ich bin trotzdem gespannt, was ich als rein touristische Besucherin über dieses Land erfahren werde. Der Bus wird mit uns an der menschengemachten Grenze haltmachen, damit alle Passagiere die Aus- und Einreiseformalitäten erledigen können. Ich weiß bereits, was mich erwartet, denn ich habe bewusst meine erlaubte Aufenthaltsdauer in Peru überschritten, nachdem ich erfahren habe, dass ich für eine Verlängerung meines Touristenvisums aus- und wieder einreisen hätte müssen. Deshalb werde ich circa fünfzig US-Dollar Strafe zahlen und habe unsere Reise sorgfältig geplant, sodass wir an einem Freitag die Grenze erreichen. Am Wochenende wäre es nicht möglich, die Strafe zu begleichen, weil die zuständige peruanischen Nationalbank dann geschlossen hat. Stolz, dass die bürokratischen Hürden eines südamerikanischen Landes uns weitgereiste Profis nicht werden bremsen können, treten Tom und ich an den Schalter der peruanischen Migrationsbehörde. »Tiene una multa«, erklärt mir der brav frisierte Grenzbeamte. »Sí, lo sé«, erwidere ich locker und frage gleich, wo die nächste Filiale der Nationalbank ist, damit ich die Strafe bezahlen kann.

»Está cerrado hoy«, lächelt der Beamte süffisant – die Bank hat heute geschlossen. Meine Augen weiten sich. Es fällt mir wie Schuppen von den Augen: Freitag, 8. Dezember. Mariä Empfängnis. In Peru *Día de la Inmaculada Concepción.* Verdammtes katholisches Land. Die Nationalbank öffnet erst in drei Tagen wieder. Was sollen wir tun? Der Beamte meint, wir können nichts anderes tun, als drei Tage in diesem Ort an der Grenze zu warten. Wir werfen einen Blick zum Fenster hinaus, wo uns ein riesiges Chaos aus fahrenden Händlern, Backpackern, Bettlern, Geldwechslern und streunenden Tieren in der staubigen, brütenden Hitze dieses wenig sympathischen Ortes entgegenlärmt. Drei Tage hier verbringen? Nein danke! So genau wollte ich es mit dem Slow Travelling dann doch wieder nicht nehmen. Wir werfen alle unsere Ideale über Bord und versuchen, den Beamten zu bestechen. Keine Chance, er hält sich an seine Regeln. Auch unser Busfahrer, dem wir die Situation schildern, kann ihn nicht umstimmen. Ein junger Franzose, der Verwandte in La Paz hat, steht vor dem gleichen Problem wie ich. Schließlich legt uns der Busfahrer nahe, einfach ohne Stempel nach Bolivien einzureisen. Er versichert uns, dass es keine Kontrollen auf der Weiterfahrt geben und niemand es bemerken wird. Wir müssten natürlich am Montag wieder zu einem Grenzübergang zurückkehren, um die Formalitäten nachzuholen, doch wir müssten nicht das Wochenende hier verbringen. Ich zögere kurz, aber die Alternative ist wirklich nicht attraktiv. Der Franzose willigt ebenfalls ein, wir passieren im großen Getümmel unbeobachtet die Grenzposten und steigen wieder in unseren Bus. Es ist ein seltsames Gefühl, illegal in ein fremdes Land einzureisen, auch wenn ich der Meinung bin, dass ich im Grunde nichts Verbotenes tue. Schließlich würde ich jederzeit ein Touristenvisum für Bolivien erhalten. Trotzdem wäre es mir lieber, ich müsste die Situation nie einem bolivianischen Polizisten erklären.

Deshalb beginnt auch mein Herz zu rasen, als der Busfahrer plötzlich anhält und den Franzosen und mich anspricht. Er vermutet doch eine Straßenkontrolle in der Nähe, wir sollen uns im Gepäckraum verstecken. Natürlich braucht er für Notfälle Schmiergeld, das er den Polizisten geben könnte. Inzwischen ist es längst vorbei mit den »weitgereisten Profis«. Tom vermutet ein abgekartetes Spiel, um uns Geld abzuknöpfen, aber das Risiko ist mir zu groß. Die bolivianische Polizei hätte bestimmt Freude daran, zwei Gringos auf frischer Tat zu ertappen. Ich zahle die erste Hälfte des angeblichen Schmiergeldes und folge dem Busfahrer gemeinsam mit dem Franzosen zur Gepäckluke am hinteren Ende des Busses. Wir klettern in das kleine, dunkle Loch, wo bereits zwei Peruaner sitzen, die ich zuvor noch im Bus gesehen habe. Diese beiden haben wohl tatsächlich keine legale Aufenthaltserlaubnis für Bolivien. Sie wirken alles andere als nervös, gelangweilt scrollen sie auf dem Smartphone durch ihren Facebook-Newsfeed, während wir weiterfahren. Ich frage sie nach ihren Erfahrungen mit Polizeikontrollen. »Manchmal schaut hier wer nach, manchmal nicht …«, berichtet ein maximal siebzehnjähriger Junge wenig beruhigend. Ein paar Minuten später bleiben wir stehen, wir hören Schritte. Der Gepäckraum wird aufgesperrt, mein Herz bleibt beinahe stehen. Der Mann, der nun die Tür aufmacht, ist – nur der Busfahrer. Wir haben den Kontrollposten bereits passiert, der Bus wurde nicht aufgehalten. Als wir wieder in den Bus steigen, schauen uns viele Gesichter neugierig an, Einheimische wie Reisende. Dass weiße Touristen, die Geld bringen, Probleme beim Grenzübertritt haben, ist sicherlich selten. Tom ist außer sich. Er hat sich große Sorgen um mich gemacht und dann vom Fenster aus gesehen, dass der Posten nicht einmal besetzt war. Jetzt ist er sicher, dass der Busfahrer uns gelinkt hat. Bei der Ankunft in La Paz fordert der Fahrer sogar noch die zweite Hälfte des »Schutzgeldes«

ein, das ich jedoch verweigere. Schockiert bin ich aber vor allem, dass die beiden geschmuggelten Peruaner anstandslos den doppelten Betrag zahlen. Der Busfahrer steckt mit dem Schmiergeld dieser einen Fahrt so viel ein, wie er sonst mit ungefähr zwei Wochen regulärer Arbeit verdient. Die gesamte Aktion hat mich unsäglich viel Kraft und Nerven gekostet. Ich habe keine Ahnung, wie Flüchtende solche Situationen und zweifellos viel, viel Schlimmeres oft Wochen und Monate lang durchhalten. Unweigerlich kommt mir ein Gedanke: Wären wir von Lima nach La Paz geflogen, wäre all das kein Problem gewesen. An den Flughäfen kannst du deine Strafen jederzeit begleichen und pünktlich ausreisen. Es ist unfair, aber wahr, die Bedingungen sind nicht an jeder peruanischen Grenze die gleichen. In einigen Wochen werde ich über diese Geschichte wohl lachen können, doch noch sitzt mir der Schreck so tief in den Knochen, dass ich mir ehrlich wünsche, wir wären hierher geflogen.

* * *

In La Paz entscheiden wir uns erneut für eine Couchsurfing-Möglichkeit und machen eine wunderbar kontrastreiche Erfahrung zu Misael. Soki, unser bolivianischer Host, hat ein großes Haus in einer wohlhabenden Gegend am Stadtrand und heißt uns herzlich bei sich willkommen. Wir verstehen uns blendend, wohl nicht zuletzt auch, weil Soki selbst bereits viel durch Europa gereist ist, die kulturellen Missverständnisse halten sich also in Grenzen. Auch er gehört zu den drei Prozent der Weltbevölkerung, die in diesem Jahr schon geflogen sind. In Bolivien bewegt sich diese Prozentzahl vermutlich eher im Promillebereich. In La Paz wird mir erneut bewusst, dass Großstädte in der ganzen Welt ähnlich ticken, egal wie arm das Land rundherum eigentlich ist: Großstädte sind die Hubs der Modernität und liberalen Lebenseinstellung, wo du immer eine Gay Bar, einen Apple Store und ein Bobo-Viertel findest, in dem die Lokale veganes Essen und Bio-Fairtrade-Cappuccinos anbieten. Früher fand ich genau das an Großstädten anziehend, heute finde ich sie genau deshalb nicht mehr spannend. Der Kulturschock wird in Städten auf ein Minimum reduziert, als Tourist ist es hier dank flächendeckendem WIFI, guter Infrastruktur und einer an Touristen gewöhnten Bevölkerung sehr einfach, sich zu orientieren. Nichtsdestotrotz hat es seine Vorteile, zur Abwechslung auch einmal nichtfrittiertes, vegetarisches Essen vorzufinden. Darum landen Tom und ich eines Abends in einem dieser schicken Hipster-Lokale. Der Kellner ist auffällig blond, hellhäutig und spricht sofort Englisch mit uns. Ich denke zuerst: »Noch so ein Traveller, dem das Geld ausgegangen ist«, bis er sich zu uns setzt, um ein paar Worte zu wechseln, und sich herausstellt, dass er der Besitzer des Lokals ist. Der Niederländer erzählt uns, dass er seit drei Jahren hier lebt und gemeinsam mit anderen Freunden aus Europa mehrere Lokale in der Stadt betreibt. Seine Geschichte erfüllt jedes Klischee des westlichen Aussteigers: Bürojob hinschmeißen, Beziehung kurz vor der Familiengründung beenden, nach Südamerika auswandern, einen Gastronomiebetrieb eröffnen. Von Menschen mit solchen Biografien erzählt mein Vater immer mit großer Begeisterung, wenn er von seinen Reisen zurückkehrt, er wirkt jedes Mal fast neidisch auf ihren Lebensweg. Zugegeben, auch ich habe immer wieder davon geträumt, eines Tages meinen Lebensmittelpunkt an einen völlig anderen Ort zu verlegen. Aber würde uns das denn glücklicher machen? Ich bemerke selbst, dass ich den Niederländer innerlich schon in eine Schublade gesteckt habe, während er noch von sich erzählt. Um ihm damit nicht unrecht zu tun, frage ich ihn einfach direkt: »Are you happier now?«

Er denkt kurz nach.

»Well, not really happier, actually. Some things are better here than at home, but other things are very annoying. It's just ... different, I guess. But now, I am happier when I fly back home to visit my family.«

Ich würde ihn gerne noch fragen, ob er glaubt, dass er diesen Neustart zwingend auf einem anderen Kontinent machen musste, doch ich merke, dass er bereits über meine erste Frage ziemlich ins Grübeln geraten ist, also belasse ich es dabei. Warum brauchen wir Menschen so krasse Kontraste, um zufrieden zu sein? Wenn uns etwas zu bekannt vorkommt, wird es uninteressant und unsere Unzufriedenheit steigt. Erst im Vergleich zu einem völlig anderen Leben sehen wir, was wir eigentlich liebgewonnen haben. So geht es auch mir. Mehr und mehr vermisse ich einen routinierten Alltag in gewohnter Umgebung, während Millionen von Menschen in Europa wohl gerade Flüge buchen, um genau dem zu entfliehen. Ich mache es also genauso: Noch an diesem Tag legen wir uns auf ein Rückreisedatum nach Österreich fest und buchen den Flug. Es wird noch über zwei Monate dauern, bis ich mein ersehntes Kontrastprogramm erhalte. Wie lange meine Zufriedenheit zu Hause wohl anhalten wird, bevor ich selbst beginne, vom Auswandern zu träumen?

* * *

Am Montag machen Tom und ich nochmals kehrt und fahren zurück an die Grenze, damit ich offiziell nach Bolivien einreisen kann. Ursprünglich haben wir uns gezielt dagegen entschieden, die Grenze am Titicacasee zu überqueren, denn dieser Ort, der dank Pippi Langstrumpf fast jedem ein Begriff ist, ist als völlig überlaufenes Touristenziel bekannt. Weil wir nun aber gezwungen sind, nochmals an eine Grenze zu fahren, nehmen wir den kleinen Umweg über den Lago Titicaca und quartieren uns für eine Nacht in einem kleinen Hotelzimmer ein. Meine bereits sehr geringen Erwartungen werden an diesem Ort sogar noch unterboten. Der Ort scheint sich selbst vollkommen auszubeuten, um an den Touristen Geld zu verdienen. Lieblos hingestellte Lokale reihen sich an der Küste aneinander. Das Müllproblem wird geflissentlich ignoriert, nicht nur von den Einheimischen, sondern vor allem von den Touristen. An der Küste des Sees können wir Traveller beobachten, die mit verklärtem Blick auf den großen See hinausstarren, während Plastiktüten und Coladosen vom Wind angeschoben an ihnen vorbeitaumeln. Andere Touristen schießen Selfies von sich und sind dabei offensichtlich bemüht, einen Blickwinkel zu finden, der den Müll ganz aus dem Bild eliminiert. Ein »Behind the scenes«-Foto wäre für die Daheimgebliebenen wohl interessanter als das tausendste Sonnenuntergangsselfie auf ihrem Instagram-Kanal. Am nächsten Morgen machen wir uns möglichst schnell auf den Weg zum peruanischen Grenzposten. Zu unserer Überraschung hält uns bei der »Ausreise« aus Bolivien niemand auf. Die Begründung, die wir uns für diesen Fall zurechtgelegt haben, ist überflüssig. Ich brauche ungefähr eine Stunde, um allen bürokratischen Anweisungen der peruanischen Grenzbeamtin Folge zu leisten, dann erreiche ich gelöst das bolivianische Migrationsbüro. Dort wird der Beamte zurecht stutzig: Wie kann ich denn für drei Wochen Aufenthalt nur mit meiner Handtasche einreisen? Mist, meinen großen Rucksack habe ich natürlich im Hotel gelassen. Er akzeptiert zum Glück meine spontane, fröhliche Ankündigung, dass ich vorhabe, in Bolivien ausgiebig shoppen zu gehen. Erleichtert, dass ich nun unbehelligt weiterreisen kann, lassen wir den Titicacasee hinter uns.

FORSCHUNGSREISE

Nach einer weiteren unbequemen Nacht im Bus erreichen wir mit schmerzenden Knien und steifem Nacken eine Kleinstadt im Landesinneren von Bolivien. Tom wollte unbedingt hierherkommen, um zu sehen, wie hier in großen Minen die seltenen Erden für unsere modernen Produkte abgebaut werden. Im *Lonely Planet* steht einiges über das Städtchen, und wir sind uns vorab nicht sicher, ob es hier nicht bereits sehr »touristeninfiziert« ist. Ich mache den »Hauptreiseroutentest«, indem ich meinen Vater auf WhatsApp frage, ob er auch hier war. »Das habe ich leider ausgelassen!!«, lautet die Antwort. Test bestanden, der Ort ist also umso attraktiver für uns. Doch bevor wir die Minen besuchen können, lässt Toms Immunsystem ihn im Stich. Er braucht zwei Tage Ruhe, um sich von einem Infekt zu erholen. Ich mache ihm Tee und umsorge ihn, so gut ich kann. Die meiste Zeit schläft er, also schlendere ich ziellos durch die Stadt. In Wahrheit macht mich diese Warterei ganz verrückt. Meine Probleme am Grenzübergang und jetzt Toms Krankenpause bringen uns mit unserer geplanten Reiseroute in zeitlichen Verzug, denn wir wollen zu Weihnachten wieder in Lima sein, um gemeinsam mit unseren Freunden zu feiern. Werden wir am Ende nach Lima fliegen, anstatt zu fahren, weil uns die Zeit ausgeht? Nach all den anstrengenden, schlaflosen Nächten im Bus bin ich manchmal schon sehr geneigt, einen Flug zu buchen, aber natürlich will ich das am Ende nicht wirklich tun. Ich ärgere mich vor allem über mich selbst. Wie kann ich permanent der ganzen Welt erzählen, wie dumm es ist, in einem Affentempo möglichst viele Orte bereisen zu wollen, ohne jemals irgendwo richtig anzukommen, und dann meine eigene Reise so knapp zu planen, dass alles binnen drei Tagen in sich zusammenbricht? Würde mir jemand meine Reiseroute als die seinige präsentieren, ich würde die Person sofort als ignoranten Traveller abstempeln und prophezeien: »So werdet ihr von Bolivien genau gar nichts Authentisches kennenlernen.« Leider muss ich mir selbst recht geben. Ich atme also tief durch und versuche in der gewonnenen Zeit etwas mehr von dieser Kleinstadt kennenzulernen. Auf dem Hauptplatz findet eine Kundgebung für die Bürgerinnen und Bürger statt, sogar ein Bundesminister ist gekommen. Er hält eine Rede und hat anscheinend eine Menge an Geschenken für die Region von der Regierung mitgebracht: Rund um den Platz stapeln sich fabrikneue Fernseher, Musikanlagen und Brotbacköfen. Leider finde ich niemanden, der mir richtig erklären kann, was diese politische Werbeaktion bewirken soll.

Während Tom in unserem fensterlosen Hostelzimmer seinen Infekt erträgt, informiere ich mich über verschiedene Anbieter von Minen-Touren. Ich lese einige Empfehlungen und habe das Gefühl, dass die meisten in Wahrheit das Gleiche anbieten. Ich sehe im Reiseführer auch eine Empfehlung für ein Café am Hauptplatz, und da ich praktisch schon davorstehe, setze ich mich hinein. Das Lokal füllt sich in der nächsten halben Stunde mit Menschen, und ich stelle fest, dass fast nur Gringos zur Tür hereinkommen. Eine Flut an groß gewachsenen Europäern in Sportoutfits, mit *Salomon*-Turnschuhen und *Quechua*-Rucksäcken, umgehängter Kamera und Reiseführer am Tisch. Dachte ich wirklich, dieser Ort wäre »off the beaten tracks«? Was für ein dummer Gedanke. Die Antwort liegt ganz nahe, nämlich auf fast jedem Tisch im Raum ersichtlich: *Lonely Planet*. Der Name dieses erfolgreichen Reiseführers ist inzwischen wirklich zu einer Farce, einem unabsichtlichen Witz über sich selbst geworden. Vor zehn Jahren habe ich diesen Namen zum ersten Mal gehört. Damals hat mein Vater mir bei seiner ersten großen Reiseplanung erklärt, dass dies der beste aller Reiseführer sei, um besondere, authentische Orte zu entdecken. Wie viele Reisende sind wohl gerade mit einem *Lonely Planet* in der Hand auf der ganzen Welt unterwegs? Selbst in diesem Ort, der nur ein kleines Unterkapitel im Reiseführer und für viele bereits ein zu spezielles Ziel ist, ist in der absoluten Nebensaison noch eine ganze Horde an Touristen anzutreffen. Wenn ich nur an all die Orte denke, die ich selbst in den vergangenen fünf Wochen besucht habe, und mir vergegenwärtige, dass überall dort jetzt und ständig unzählige Traveller hindurchziehen, dann wird mir schwindlig. Ich versuche besser gar nicht, an sämtliche Reisenden in der ganzen Welt gleichzeitig zu denken. Wollte ich nicht eigentlich genau so nicht mehr reisen? Denselben Lokal- und Tourentipps folgend wie alle anderen? Von Ort zu Ort hetzend? Kein Wunder, dass wir jetzt ständig unseren Reiseklonen begegnen und anstelle eines einsamen Planeten einen »very crowded planet« entdecken. Denken die anderen *Lonely-Planet*-Benutzer denn so wie ich oder fühlen sie sich wirklich individuell, unangepasst und abenteuerlich, während wir alle blind dieselbe subjektive Bedienungsanleitung befolgen?

Ich bezahle und mache mich auf den Weg zurück ins Hostel, wo Tom kurz die Augen öffnet, als ich zur Tür hereinkomme. »Ab sofort machen wir NICHTS mehr, was im *Lonely Planet* steht, okay? Versprich es mir!«, sage ich zur Begrüßung. »Nichts lieber als das«, murmelt er, bevor er wieder wegdöst.

* * *

Als Tom wieder gesund ist, nehmen wir trotzdem wie geplant an einer Minen-Führung teil. Wir sind schließlich schon in der Stadt, wem würde unser stummer Streik also weiterhelfen? Eine Tour-Agency findet sich auch ohne die Hilfe des *Lonely Planet* leicht, und der Besuch der Mine beeindruckt mich tatsächlich sehr. Die Minenarbeiter sind unfassbaren Bedingungen ausgesetzt, sprengen wahllos Tunnel um Tunnel in den Berg hinein, arbeiten acht Stunden oder länger in der Dunkelheit, sind giftigem Staub und Sauerstoffmangel ausgesetzt. Der Staat kontrolliert nichts, schützt und unterstützt hier niemanden. Manche beginnen schon mit fünfzehn Jahren oder noch früher in den Minen zu arbeiten. Die Arbeiter leben kurz, ungesund, gefährlich und sind oft abhängig von Kokablättern, Tabak und Alkohol. Ihre Hoffnung ist der große Glücksfund, den die allerwenigsten erreichen, und obwohl sie in sogenannten Kooperativen organisiert sind, kämpft am Ende jeder Einzelne nur für sich. Weder Risiko noch Gewinn werden hier geteilt. Das Problem sei die landeseigene Politik, erklärt uns unser Guide, der inzwischen lieber Touristen herumführt, anstatt selbst in der Mine zu arbeiten. Die Rohstoffe werden ohne Mehrwert ins Ausland verkauft, und so wird das meiste Geld woanders gemacht, dort, wo das Wissen vorhanden ist, um die Rohstoffe weiterzuverarbeiten. Im Touristenbus, der uns zur Mine bringt, baumelt am Rückspiegel ein Duftbäumchen im Design der US-Flagge. Niemand hier kritisiert die Rolle des Westens, schuld an der Misere sind nur die landeseigenen Politiker. Die Minenarbeiter wirken ernst, aber nicht traurig. Sie scheinen ihr Schicksal zu akzeptieren, denn es gibt in dieser Stadt wenig andere Möglichkeiten, zu Geld zu kommen. Ich weiß nicht, was absurder ist: Dass unsere Gesellschaft es zulässt, dass Menschen für den Wohlstand anderer ein solches Leben führen, oder dass wir uns diese Umstände gerade mit betroffenem Gesichtsausdruck ansehen und Fotos davon machen, mit Geräten, die ohne diese begehrten Rohstoffe nicht hätten produziert werden können. Unser Guide gibt uns das Gefühl, dass wir unmittelbar etwas Gutes tun, denn unser Besuch ermöglicht es ihm, im Tourismus anstatt in der Mine zu arbeiten. Trotz des starken Eindrucks, den wir bekommen, wüssten wir gerne noch mehr und glauben, mit den üblichen Storys für Besucher abgefertigt worden zu sein. Wer wirklich etwas über das Leben eines Minenarbeiters erfahren will, der muss wohl selbst wochen- oder monatelang hierbleiben, um es begreifen zu können. Mir fällt dazu Sebastião Salgado ein, über dessen fotografisches Werk Wim Wenders einen beeindruckenden Film gedreht hat: *Das Salz der Erde*. Salgado hat an vielen faszinierenden und schockierenden Orten auf der ganzen Welt fotografiert, unter anderem auch in einer Mine in Brasilien. Seine Bilder haben mich oft neugierig auf die Welt gemacht und mein Fernweh genährt. Doch je mehr ich unterwegs bin, desto klarer wird mir: Um solch tiefe Einblicke in andere Lebenswelten zu erhalten, ist Sebastião Salgado oft monate- oder jahrelang an einem Ort geblieben. Welcher Backpacker wäre dazu denn bereit? Wir dürfen nicht erwarten, mit eigenen Augen zu sehen, was Salgado fotografieren konnte, wenn wir für zwei oder drei Tage einen Ort besuchen. Der Fotograf tut dort seine Arbeit, er dokumentiert, er erforscht. Und wir – was tun wir? Sind wir auf Urlaub? So fühlt es sich wahrlich nicht an, denn Entspannung wäre anders leichter zu bekommen. Sind wir auf Abenteuer- oder Vergnügungsfahrt? Dafür stelle ich momentan zu sehr den Anspruch an mich selbst, meiner Reise einen Sinn zu geben. Sind auch wir auf Forschungsreise? Es ist im Vergleich zu Salgado eine sehr

oberflächliche Forschung, die wir hier betreiben, und doch gefällt Tom und mir der Begriff gut. Auf Forschungsreise zu sein, das rechtfertigt die Anstrengungen und unsere dauernde Selbstkritik. Es erklärt auch das subtile Pflichtgefühl, das uns ständig auf unseren Wegen begleitet. Um das Land und seine Leute so eindrucksvoll zu erforschen, wie der Fotograf es tut, dafür haben wir wirklich zu wenig Zeit und Muße eingeplant. Das Einzige, was wir jetzt erforschen können, ist unser eigener Menschenschlag, diese wunderliche Gruppe an Weltenbummlern, in der wir uns gerade wiederfinden. Was treibt sie an, unterwegs zu sein? Sehen sie sich auch selbst als Forscher? Oder als Wohltäter, die durch ihren Aufenthalt Reichtum bringen? Wonach suchen sie, und finden sie das unterwegs überhaupt? Reisen sie mit gutem Gewissen oder nagen an ihnen schon die gleichen Zweifel wie an mir?

TOURISTEN AUF DER FLUCHT VOR TOURISTEN

Der neue Plan, ab sofort auf typische *Lonely-Planet*-Hotspots zu verzichten, hat einen groben Haken: Mein ausgewiesenes Hauptziel unserer Bolivienreise ist die Salzwüste Uyuni, die bekannteste und wohl meistbesuchte Sehenswürdigkeit des Landes. Warum will ich genau dorthin? Ich habe noch nie eine Salzwüste gesehen und höre innerlich noch immer die begeisterten Beschreibungen durch meinen Vater. Schon die Stadt Uyuni selbst, wo die Fahrt durch die Wüste beginnt, ist ein Zentrum des Massentourismus. Unzählige Pubs und Lokale, die Pizza, Pancakes und Mexican Food anbieten – alles, nur kein typisch bolivianisches Essen –, reihen sich hier aneinander. Aus jedem zweiten Geschäftslokal dröhnt Technomusik aus den Neunzigerjahren, dazwischen dudelt aus den ewig gleichen Souvenirshops von Panflöten dominierte Andenmusik. Das Ganze unterscheidet sich von der Szenerie im Ersten Wiener Gemeindebezirk hauptsächlich dadurch, dass dort in den Souvenirshops Mozart rauf- und runtergespielt wird und in den Restaurants Schnitzel und Tafelspitz angeboten werden. Da wie dort frage ich mich: Warum tun wir uns das als Touristen freiwillig an? Ich bereue es bereits, dass ich mich von den Erzählungen meines Vaters und den Bildern im Internet habe verführen lassen, dieses Reiseziel ins Auge zu fassen. Aber was soll's, jetzt sind wir schon da, jetzt ziehen wir die Sache durch – im Namen der Forschung.

Tom ist wenig begeistert von der Vorstellung, eine dreitägige Tour durch die Salzwüste zu buchen. Seine bisherigen Erfahrungen mit geführten mehrtägigen Touren und ihren Guides haben ihn mehr als abgeschreckt, leider zurecht. Wer mit einer Agency reist, kommt zur selben Uhrzeit wie alle anderen Touristengruppen an den immergleichen Orten an, wo die meisten dann brav Schlange stehen, um mit der angekündigten Sehenswürdigkeit ein Foto von sich zu machen. Auch kommt es nicht selten vor, dass den Touristen vorenthalten wird, dass das Wetter zu schlecht ist, um die Tour komplett durchzuführen, was sie jedoch erst erfahren, wenn fünfundfünfzig Prozent der Tour erledigt sind und kein Geld mehr zurückgefordert werden kann. Während wir die Machu-Picchu-Trekkingtour selbstbewusst auf eigene Faust durchgeführt haben, was uns keinerlei Probleme bereitet hat, wagen wir dieses Experiment in einer Wüste lieber nicht. Außerdem kostet es locker zwei Tage Zeit, eine solche Fahrt selbst zu organisieren. Auch wenn ich ebenfalls skeptisch bin, kann ich Tom schließlich überzeugen, einfach eine Tour zu buchen. Schon vor Beginn verspreche ich uns erneut: Das ist die allerletzte Touristenfalle, in die wir laufen. Wir hoffen inständig, angenehme Mitreisende zu erwischen und danken heimlich dem Schutzheiligen der Backpacker, als wir erfahren, dass zwei angemeldete Personen ausfallen und wir nur zu viert unterwegs sein werden. Gemeinsam mit dem anderen Paar erwarten wir im Büro der Travel-Agency die Ankunft unseres Guides, der uns drei Tage lang mit dem Jeep durch die Wüste chauffieren wird. Als dieser den Raum betritt, steht Tom die Entnervtheit binnen Millisekunden ins Gesicht geschrieben. Unser Guide heißt Abdias, mit verspiegelter Sonnenbrille, Igelfrisur und Sportshirt steht er vor uns und begrüßt uns mit einem Wortwitz, dessen Bart schon sehr, sehr lang ist. Abdias bemüht sich trotzdem, so zu tun, als wäre ihm das Wortspiel über seinen Nachnamen gerade eben eingefallen, was ihm aber nicht recht gelingen will. Unbekümmert redet er weiter, ohne wahrzunehmen, dass weder wir noch das andere Paar auf seine künstlich-charmante Art reinfallen. Tour-Guides in Südamerika haben große Ähnlichkeit mit österreichischen Skilehrern: Sie glauben, sie sind die Geilsten und Wichtigsten und können ihre reichen Gäste übers Ohr hauen, und wehe dir, wenn sie in Gruppen auftreten – dann hat außer ihnen niemand mehr etwas zu melden. Zu Beginn der Fahrt beglückt Abdias uns noch mit weiteren Juwelen aus seiner Witzkiste, bis er langsam bemerkt, dass er keine der üblichen leicht unterhaltbaren Gruppen im Auto sitzen hat. Wir lauschen einer Weile schweigend dem Folkloregedudel aus dem Autoradio und kommen langsam mit unseren Mitreisenden ins Gespräch. Die beiden junggebliebenen Mittfünfziger heißen Stefania und Diego und kommen aus Barcelona. Tom und ich waren beide schon in Barcelona und fühlen uns bemüßigt, die klassischen Kommentare abzugeben: »Barcelona ist ja wirklich wunderschön! Aber es sind schon sehr viele Touristen dort, nicht wahr?«

Es ist längst bekannt, dass Barcelona, so wie inzwischen viele Städte, ein großes Problem mit *Overtourism* hat. Stefania und Diego erzählen uns aus erster Hand, wie mühsam es ist, täglich in der Innenstadt dieses Touristenmagnets zu leben. Die Wohnungspreise werden immer weniger leistbar, vor allem Plattformen wie *Airbnb* treiben die Mietpreise in die Höhe. Besonders die asiatischen Reiseanbieter, die enorme Mengen an Touristen durch Barcelona schleusen, können vom spanischen Gesetz schwer kontrolliert werden, weil ihre Webseiten nicht einmal auf Englisch verfügbar sind und sich so jeder Regulierung entziehen. Tatsächlich sind Diego und Stefania auch deshalb jetzt für einige Wochen weggeflogen, um dem nächsten Reiseansturm zu entgehen. Welche Ironie, dass sie jetzt selbst zu einer Touristenmasse gehören und so oder so umgeben sind von Reisenden – nur hier halt eben freiwillig. Sie reisen für ein paar Wochen durch Peru und Bolivien und haben für alle ihre geplanten Stops vorab Sightseeing-Touren gebucht. »Ernsthaft? Wozu denn bitte?«, entfährt es mir leicht ungläubig. Die beiden lachen und Diego meint schmunzelnd: »In eurem Alter bin ich auch lieber mit dem Motorrad oder dem Zug auf eigene Faust losgezogen. Dafür bin ich inzwischen zu alt, das ist mir zu anstrengend.« Stefania fügt hinzu: »Damals konnte man ja auch noch nicht so weit wegfahren, das war viel zu teuer. In Europa kann man natürlich ohne Guides unterwegs sein, aber hier wäre das viel zu gefährlich!« Ich bezweifle sowohl, dass die beiden zu alt für irgendetwas sind, als auch, dass ungeplantes Reisen in Südamerika zu gefährlich ist. Außer dem Rucksackdiebstahl ist mir in bald sechs Monaten Südamerika nichts Bedrohliches passiert. Aber gut, wir sitzen hier gerade alle im selben Jeep, also werde ich kaum an ihrer Tourwahl Kritik üben. Abdias scheint inzwischen beleidigt zu sein, dass wir uns ohne ihn blendend unterhalten, und wechselt die Musik auf unerträglichen Techno-Pop. Vermutlich war die Folklore-Playlist ein von der Agency vorgesehenes Intro für die Reise, das er selbst nicht mehr hören kann. Diego, der in Barcelona auch DJ ist, kann ihn überzeugen, dass er via Bluetooth Rumbamusik auflegen darf. »Abdi« ist skeptisch, wagt dann aber nicht, dem zahlenden Kunden seinen Wunsch zu verweigern. Nach einer einstündigen Zwangspause bei einem schlecht inszenierten Künstlermarkt, wo alle den gleichen »Made in China«-Krempel verkaufen, erreichen wir bald die Salzwüste und finden uns in beeindruckenden Weiten gähnender Leere wieder. Der weiße, steinharte Untergrund, der beinahe nur aus Salz besteht, erstreckt sich bis zum Horizont. Wir bleiben bei verschiedenen Steinformationen und Kakteen-Inseln stehen, immer dicht gefolgt von den anderen Jeeps, aus denen die jeweiligen Reisegrüppchen brav aussteigen, einige Fotos schießen und wieder einsteigen. Es ist ein faszinierendes Phänomen, dass wir alle dieselben Orte aufsuchen, obwohl wir uns doch bewusst sein müssen, dass diese geballte Ladung an Menschen jeder Sehenswürdigkeit ihre Atmosphäre raubt. »Wir meinen, wir wollten etwas erleben, suchen aber in Wahrheit vor allem nach Bestätigung.«[18] Diese Bestätigung bekommen wir entweder vor Ort oder später auf Facebook und Instagram. Auch uns vier erklärt Abdias bei jeder Station, wie viele Minuten wir hier Zeit für Fotos haben. Stefania und Diego sind daran genauso uninteressiert wie wir, weshalb wir Abdias bald lachend erklären, dass wir uns lieber in Ruhe umschauen, anstatt Bilder zu knipsen. Er scheint wenig mit dieser Information anfangen zu können. Bei jeder nächsten Station gibt er uns unbeirrt Zeitangaben »para sacar fotos«. Wir erreichen schließlich den vermeintlichen Höhepunkt der Salzwüsten-Tour für alle Instagrammer. Wir machen halt an einem Fleck ohne jeglichen Anhaltspunkt, rund um uns unendlich weit: nichts. Hier werden die berühmt-berüchtigten Perspektivenspiel-Fotos gemacht. Tom spielt den Riesen, der Stefania, Diego und mich im Rucksack trägt, dann bin ich die Riesin, die Tom in der Handfläche hält. Abdias leitet uns an, er hat ein endloses Repertoire an Motiven zur Verfügung, die man vermutlich zu Millionen auf Reiseblogs und in Facebook-Fotoalben findet. Nach zehn Minuten vergeht uns schon langsam die Lust am Posen, doch er motiviert uns noch zu einem Video, sogar eine Musikbox hat er extra dafür mitgebracht.

18 DIE ZEIT Nr. 30/2018, 19. Juli 2018. www.zeit.de/2018/30/tourismus-overtourism-massen-sehenswuerdigkeiten-alternativ-reisen/komplettansicht (06.01.2019)

Zu Justin Biebers »Despacito« hüpfen wir vier sehr belämmert aus Diegos überdimensionalem Wanderschuh heraus und tanzen durchs Bild, bevor wir wieder in dem Schuh verschwinden. Ich erinnere mich an viele Fotos der Salar de Uyuni, die ich vorab im Internet gesehen habe: Beeindruckende Farbenspiele, traumhafte Sonnenuntergänge, Spiegelungen im Wüstenboden zur Regenzeit. Die Realität ist zwar ebenfalls schön, aber weit nicht so spektakulär wie die nachbearbeiteten Bilder, mit denen das Tourismusbüro online Werbung macht. Als wir weiterfahren, kommen wir an einem anderen Jeep mit Reisegruppe vorbei. Die sechs jungen Traveller sind scheinbar gerade dabei, sich für den nächsten Part des Fotoshootings umzuziehen. Zwei junge Frauen stehen sogar schon im Bikini bereit, trotz windigen zwöl Grad Außentemperatur, und fotografieren sich gegenseitig. Ich drücke den beiden die Daumen, dass sie für ihre Erkältung mit zahlreichen Likes belohnt werden. Angeblich wählen vierzig Prozent der Achtzehn- bis Dreiunddreißigjährigen ihr Urlaubsziel bereits nach dessen »instagrammability« aus.[19] Ich frage mich: Gelten Fotos aus der Salar de Uyuni eigentlich auf Instagram noch als cool oder ist das nicht längst out, schon *Mainstream*, weil dort sowieso schon alle waren? Seit mir mit dem Rucksack auch die Digitalkamera geklaut wurde, habe ich sie fast nie vermisst. Ich fotografiere hin und wieder mit meinem alten iPhone oder bekomme Fotos von Mitreisenden geschickt, doch die Sammlung am Ende unserer Reise wird sich in Grenzen halten. Tom ist darüber manchmal traurig, denn auch seine Kamera ist kaputt. »Wir machen unterwegs viel zu wenige Fotos!«, klagt er manchmal.

---

19 ZEITmagazin Nr. 16, 12.4.2018. www.zeit.de/zeit-magazin/2018/16/instagram-veraenderung-sicht-welt-selfie-alltag-reisen (06.01.2019)

»Wozu brauchen wir denn die ganzen Fotos, die schauen wir uns nachher sowieso nie an! Woran ich mich nicht auch so erinnern kann, ist auch ein Foto nicht wert«, erwidere ich dann neunmalklug.

»Du hast genauso gerne später Erinnerungsfotos! Nur weil du jetzt gerade zu cool dafür bist und das Reisen sowieso blöd findest, wirst du dich in ein paar Jahren trotzdem ärgern, wenn du keine Bilder von bestimmten Momenten hast.«

Tom kennt mich. Gut möglich, dass ich es später bereuen werde. Manchmal bin ich zu extrem, wenn ich behaupte, dass mir Fotos überhaupt nichts bedeuten. Doch wenn alle rund um mich in ihre Selfie-Kamera starren, habe ich das starke Bedürfnis, genau das Gegenteil zu tun. Es ist gut, Momente festzuhalten, egal ob in Bildern oder Tagebüchern, um sich später zu erinnern. Die Fotos meiner früheren Reisen habe ich fein säuberlich auf meiner externen Festplatte archiviert. Ehrlicherweise schaue ich mir aber auch heute nie mehr die gesamte Sammlung an. Wenn du nur ein Foto pro Tag machen könntest – welches machst du dann? Wie machst du es? Und was machst du dann damit? Eine Auswahl meiner liebsten Fotos habe ich entwickeln lassen und hebe sie in Schachteln auf. Einzelne dürfen sogar in Bilderrahmen meine Wohnung zieren. Ich wechsle ab und zu mein Facebook-Titelbild aus und lasse mich von Reisebekanntschaften auf Fotos markieren. Aber extra Zeit aufwenden, um das perfekte Insta-Pic zu inszenieren? Niemals, nein danke. Da halte ich mich lieber an ein Zitat von Stefan Sagmeister: »Trying to look good limits my life.«[20]

---

20 www.ted.com/talks/stefan_sagmeister_shares_happy_design (13.04.2018)

* * *

Auf der Weiterfahrt beginnen Diego und Stefania viele kluge, detaillierte Fragen über die Natur, die uns umgibt, zu stellen. Abdias ist sichtlich überfordert und gibt schwammige Antworten. Wir wechseln also das Thema und fragen ihn lieber über sein Leben aus. Er zeigt uns Fotos von seinen Kindern und erzählt, dass sein Sohn Polizist werden will. Er ist darüber nicht glücklich, denn Polizisten verdienen zwar gut, sind aber korrupte, ehrlose Leute. Abdias scheint sich über unser Interesse an seinem Leben zu freuen und erzählt uns offen, was er in Bolivien gut findet und was seiner Meinung nach schlecht läuft.

In den folgenden Tagen werden wir von einem wunderschönen Platz zum nächsten chauffiert und bewundern nacheinander Lagunen in verschiedensten Farben, Vulkane, Horden von Flamingos und Lamas sowie Geysire. Zu den Mahlzeiten werden wir zusammen mit den anderen Touristengruppen in großen Räumen von den Guides mit Unmengen an Essen versorgt. Mir ist das alles sehr unangenehm. Es ist seltsam, so bedient und herumkutschiert zu werden. Da wir die meiste Zeit nur im Auto sitzen und uns nicht bewegen, frage ich mich auch, wozu ich solche Mengen an Essen in mich reinstopfen soll – aber hey, wir haben ja schon dafür bezahlt. Den vielen, meist sehr jungen Travellern an den anderen Tischen scheint das nichts auszumachen, sie mampfen fröhlich, während sie am Smartphone ihre besten Selfies raussuchen und diese dank WIFI gleich auf sämtlichen Kanälen posten. Als wir am zweiten Tag binnen kürzester Zeit mit dem Jeep 1400 Höhenmeter zurücklegen, streikt mein Kreislauf. Ich spüre, wie das Blut aus meinem Gesicht weicht, krümme mich vor Magenschmerzen, der kalte Schweiß rinnt mir herunter. In der kommenden Nacht entledigt sich mein Magen der ganzen übertriebenen Mahlzeiten der letzten Tage und meine schönste Sehenswürdigkeit der Tour ist ein sich rührend um mich kümmernder Tom, der die ganze Nacht Wache hält und alle paar Stunden meinen Kotzkübel reinigt. Auch Stefania und Diego sind sehr lieb besorgt um mich. Als ich am letzten Tag der Tour langsam wieder zu Kräften komme, räumen die beiden ein, dass sie von der dreitägigen Tour auch sehr geschafft sind. Die vielen verschiedenen Eindrücke sind wie ein Bilderrausch an uns vorbeigeflogen, und obwohl wir meistens im Auto gesessen haben, bin nicht nur ich körperlich richtig geschafft. Wir sind uns alle einig: Ein bisschen Entschleunigung auf einer solchen Reise würde nicht nur unseren Köpfen, sondern auch unseren Körpern sehr guttun. Diego und Stefania beschließen, die nächste geplante Tour abzusagen und sich ein paar freie Tage zu gönnen, um auch ungeplanten Erlebnissen eine Chance zu geben. Auch für Tom und mich ist klar: Das war für sehr lange Zeit die letzte Tour, die wir uns verordnet haben. Das Wort »Must-see« streichen wir nun endgültig aus unserem Wortschatz.

»ENDLICH« URLAUB

Wir lassen uns, so wie viele andere Touristen, von unserem Guide an der chilenischen Grenze absetzen und nehmen einen Bus in den nächsten Ort. Ursprünglich lag dieser Ort auch deshalb auf unserer Reiseroute, weil der *Lonely Planet* zahlreiche Wüstenausflüge von hier aus verspricht, doch davon haben wir inzwischen genug. Sogar der Reiseführer kündigt den Ort als sehr touristisch an, und so wissen wir schon vor der Ankunft, dass wir hier nur bleiben werden, bis ich mich körperlich wieder etwas erholt habe. Trotz niedriger Erwartungen an die Authentizität des Ortes werden wir von der Künstlichkeit und Verwestlichung überwältigt. Er scheint überhaupt nur zu touristischen Zwecken zu bestehen, weshalb sich stylish-vegane Lokale und hippe Kunstläden mit selbstgemachtem Schmuck und handgebatikten Shirts in den malerisch angelegten Gässchen aneinanderreihen, nur unterbrochen von den ewig gleichen Travel Agencies, die Sonnenuntergangs-Reiten in der Wüste und Chillen in vulkanischen Thermalwässern anbieten. Zwischen den unzähligen Wanderschuh- und Sonnenhut-Backpackern entdeckt man einige Hippies, barfuß und mit Gitarre, die hier scheinbar hängen geblieben sind. Hin und wieder sehen wir auch ein paar ins Leere starrende junge Menschen, mehr oder weniger bekleidet, die wohl nicht nur vor Ort, sondern vor allem auf einem Drogentrip hängen geblieben sind.

Wir suchen uns eine kleine Unterkunft mit Garten und stellen dann fest, dass wir seit fast drei Wochen unterwegs sind und noch kein einziges Mal Zeit gefunden haben, um einfach nur Karten zu spielen. Die Forschungsreise soll also nun ein paar echten Urlaubstagen weichen, bevor wir nach Lima zurückkehren. Beim Mittagessen lernen wir ein älteres, pensioniertes Ehepaar aus der Schweiz kennen, das anscheinend versucht, das Dauerurlauben auf die Spitze zu treiben. Sie sind gerade von einem mehrmonatigen Insel-Hopping in der Südsee zurückgekehrt. Dort haben sie zahlreiche Inseln abgeklappert, von denen ich schon einmal gehört habe, die ich aber auf der Weltkarte wohl nicht gefunden hätte. Alle Namen klingen bereits nach Traumstrand und Einsamkeit. So in etwa soll es auch gewesen sein. Sie erzählen, kaum andere Touristen gesehen zu haben, was bestimmt auch an den extrem hohen Preisen in solch extravaganten Gegenden liegt. Der ältere Herr erklärt mir ganz nonchalant mit markantem schweizerdeutschen Akzent: »Man muss natürlich schon von Insel zu Insel fliegen, das ist viel preiswerter, als mit dem Schiff zu fahren!« Ah ja, danke für den Tipp. Vor den Südsee-Ausschweifungen ist das Paar zum wiederholten Male in Neuseeland gewesen, wo sie sich üblicherweise für ein paar Monate ein Auto kaufen, um unterwegs zu sein. Dasselbe haben sie auch gemacht, um Kanada zu durchqueren. Ich denke für einen Moment an unseren VW-Bus und mache mir dementsprechend keine schöne Vorstellung von ihren Autoreisen. Auch in Asien, Australien und Europa ist das Paar, dem es weder an Zeit noch an Geld zu mangeln scheint, viel herumgekommen. Die beiden würden sich wohl glänzend mit meinem Vater verstehen und sich binnen Sekunden in Fachsimpeleien über die besten »Spots« vertiefen. Wovor flüchten sie?, frage ich mich. Vielleicht warten zu Hause weder Kinder noch Enkel? Um mehr zu erfahren, meine ich scherzhaft, ihre Familie hätte sich wohl schon an ihre permanente Abwesenheit gewöhnt.

»Aber ja!«, kommt die prompte Antwort, »Bei unserer ersten gemeinsamen Reise war geplant, dass wir ein Jahr unterwegs sind. Daraus wurden zweieinhalb Jahre!«

Ich weiß nicht, ob ich beeindruckt oder entrüstet sein soll. Warum wollen die beiden ihre Familie denn gar nicht öfter sehen? Ist das permanente Unterwegssein nicht irgendwann furchtbar langweilig? Wo bleibt der Sinn in dem, was man tut? Die Schweizerin erklärt mir, weshalb sich ihre Reisen regelmäßig so sehr verlängern: »Wenn man langsamer geht, dann hat man einfach mehr davon.« An jedem Ort, den sie erreichen, stellen sie fest, dass es so vieles gibt, was sie erleben und kennenlernen können. So reicht die eingeplante Zeit schlussendlich niemals aus und sie entscheiden sich deshalb jedes Mal aufs Neue, länger zu bleiben, um die neue Umgebung richtig aufsaugen zu können. Ich fühle mich in diesem Moment sehr ertappt. Mit dieser Mentalität hätten Tom und ich die letzten drei Wochen locker auf drei Monate ausdehnen können. In Wahrheit hätten wir auch einfach noch ein paar Wochen länger in Lima bleiben können, anstatt völlig gehetzt durch drei Länder zu fahren. Ich gebe dem Paar in diesem Punkt widerwillig recht, auch wenn ich weiterhin nicht einsehe, wozu es notwendig ist, dass zwei Individuen die Möglichkeit haben, praktisch den ganzen Planeten zu besuchen. Zumal das langsame Gehen noch immer nicht das Gleiche ist wie stehen zu bleiben und sich an einem neuen Ort niederzulassen. Ich habe nach weniger als einem Monat schon genug davon, ständig Touristin zu sein. Mir ist es unerklärlich, wie die beiden das jahrelang aushalten.

* * *

Nachdem wir den beiden Schweizern noch eine gute Weiterreise gewünscht haben – »Wer weiß, wohin es uns als Nächstes zieht!« –, schlendern Tom und ich aus dem Stadtzentrum hinaus, um zu sehen, ob wir hier auch alltägliches Leben abseits des Touristenrummels entdecken. Wir stoßen auf einen kleinen Laden, in dem Schals und Mützen aus Alpaka-Wolle verkauft werden, die optisch angenehm wenig mit der klassischen »Made in China«-Ware zu tun haben, die sonst überall angepriesen wird. Als wir hineingehen, sehen wir, dass in einer Ecke des Ladens eine sehr alte Frau an einem noch viel älteren Webstuhl sitzt. Ihre Produkte sind wunderschön, und während wir einen Schal für Toms Schwester aussuchen, kommen wir mit der alten Frau ins Gespräch. Sie hat nur noch drei Zähne im Mund, was es etwas schwer macht, ihr Spanisch zu verstehen. Trotzdem erfahren wir, dass sie die frische Wolle der Alpakas und Lamas kauft und sogar selbst die Fäden spinnt, die sie dann verarbeitet. Doch sie verkauft wenig, klagt sie, denn die Touristen finden selten zu ihr, die Massenware ist billiger und ein Verkaufslokal im Zentrum kann sie sich nicht leisten. Außerdem spricht sie kein Englisch und hätte wohl Schwierigkeiten, ohne fremde Hilfe ihre Produkte an Touristen zu verkaufen. Wenn sie ihre Arbeit nicht so gerne täte, hätte sie längst mit etwas anderem angefangen, um mehr Geld zu verdienen. Ich fühle mich in meiner Annahme bestätigt: Tourismus hilft einem Ort und seinen Bewohnern nur dann, wenn die ganze Gemeinde zusammenarbeitet, um ihre besten Produkte zu verkaufen. Wo von Anfang an Konkurrenzkampf herrscht, gewinnen wieder nur diejenigen mit den besseren Startvoraussetzungen.

* * *

Als ich wieder vollständig bei Kräften bin, lassen wir das Wüstenhochland hinter uns, um ans Meer zu fahren. Es ist völlig absurd, so frei zu sein und doch das Gefühl zu haben, einer Pflicht zu entfliehen. Trotzdem fühlt es sich für mich genau so an, als wir in einem kleinen Urlaubsort an der chilenischen Küste landen, wo wir drei Tage lang ausnahmslos am Strand herumhängen, Surfer beobachten, Meeresfrüchte essen und abends in einem Pub Karten spielen, bis wir mit ein paar Chilenos ins Gespräch kommen. Allein schon die sanften Routinen, die sich einschleichen, wie der tägliche Besuch am Fischmarkt und die Auswahl einer Lieblingseisdiele, machen mich entspannter. »Ich fühle mich ein bisschen wie als Kind im Italienurlaub«, sage ich lachend zu Tom, der mir zustimmt. Wenn wir wissen, was wir gerade brauchen, lässt sich die Suche wesentlich abkürzen.

WAHRE WEIHNACHTEN

Die Sonne wird von Tag zu Tag kräftiger und Weihnachten rückt näher. Für uns ist dies das Signal, uns wieder auf den Weg nach Lima zu machen. Wir schaffen die Rückreise auch ohne Flug, mit einer letzten zweiundzwanzigstündigen Nachtbusfahrt. Im Vergleich zu vielen anderen, die offensichtlich zu ihren Familien fahren und jede Menge Geschenke mitbringen, haben wir auffallend wenig Gepäck dabei. Doch auch wenn wir dieses Jahr Heiligabend weit entfernt von unseren Familien verbringen, erwartet uns in Lima eine Ersatzfamilie. Vor fünf Monaten hat diese Stadt mich bei meiner Ankunft wenig beeindruckt, jetzt habe ich trotzdem das Gefühl, nach Hause zu kommen. Seit Wochen belehre ich jeden Traveller, der mir erklärt, er sei nicht lange in Lima geblieben, weil es so unsympathisch schien, dass er sich schlicht zu wenig Zeit genommen hat, um die Stadt kennenzulernen. Keine Frage, der Smog und der Lärm sind gleich geblieben, die Lebensqualität ist immer noch furchtbar in dieser Metropole der Verzweifelten. Doch ich habe die graue Bestie, wie ich sie inzwischen zärtlich nenne, lieben gelernt. Nimm dir Zeit für einen Ort, egal welchen, und du wirst ihn vermissen, wenn du gehst. Während wir in der Wohnung unsere Rucksäcke auspacken, überlegt Tom laut: »Anstatt nach Weihnachten gleich weiterzureisen, könnten wir eigentlich noch ein paar Wochen hierbleiben, oder?«

Ich lächle. Wird er danach gefragt, ist Tom bestimmt kein ausgewiesener Fan von Lima, auch nicht nach zehn Monaten. Aber wir haben hier inzwischen gute Freunde, Hobbys, auch Ausflugsideen und Pläne, die wir noch nicht umgesetzt haben – lauter gute Gründe, noch ein bisschen länger zu bleiben. Es gibt unzählige Orte, alleine in unserem Viertel in Lima, die wir nicht kennengelernt haben und nicht mehr kennenlernen werden. Es ist auch für mich frustrierend, schon wieder ein neu angefangenes Leben aufzugeben.

* * *

Wir verbringen den Weihnachtsabend mit Gaby und ihren Eltern Jorge und Pilar, die wir in den letzten Monaten gut kennengelernt haben und deren eingeschränkter Lebensstandard uns immer wieder eine Lehre war. Jorge und Pilar sind beide über sechzig, doch wer in Peru nie viel verdient hat – und das haben die wenigsten –, bekommt kaum Pensionszahlungen. Darum arbeiten beide weiterhin und haben jeder ungefähr vier verschiedene Jobs. Gelegenheitsarbeiten, inoffizielle Aufgaben als private Altenpflegerin, Kinderbetreuerin, Verkäufer und Vertreter von Wandkalendern und teuren Schönheitsprodukten. Wenn das Geld besonders knapp wird, verkauft Pilar auch ihre selbst gestrickten Mützen auf der Straße. Vor siebzehn Jahren haben sie auf dem Flachdach eines Kaufhauses ihre Wellblechhütte aufgestellt, wo sie bis heute leben. Wenn irgendwo zufällig etwas mehr Geld in die Haushaltskasse fließt, leisten sie sich eine Neuanschaffung, die dann etwas deplatziert in der selbst gebauten Hütte steht, so wie zum Beispiel der große, graue Kühlschrank, der besser in eine US-Familien-Sitcom passen würde. Die beiden haben einen Narren an Tom und mir gefressen und uns in den letzten Monaten oft zu sich eingeladen, uns die Stadt gezeigt und uns traditionelle peruanische Gerichte zu kochen gelehrt. Für sie ist Europa ein weit entfernter Traum, ein Ort, den sie gerne kennenlernen würden, der jedoch unerreichbar bleibt. Sie glauben auch, dass alles auf unserem Kontinent perfekt läuft, dass die Qualität der Produkte besser ist, die Menschen klüger und fleißiger und vor allem viel kultivierter sind. Das hat uns zu Beginn sehr schockiert, immerhin wissen wir, wie falsch diese Vorstellungen sind. Zugleich ist es beschämend, denn eines stimmt: Die Möglichkeiten für jeden einzelnen Europäer sind viel größer, die soziale Gerechtigkeit ist bei uns zu Hause viel ausgeprägter als in Peru. Trotzdem machen wir ihnen bei jeder Gelegenheit klar, dass nicht alle Europäer einmal pro Woche in die Oper gehen, sondern die meisten den Abend am liebsten auf der Couch vor dem Fernseher verbringen.

Jorge, Pilar und Gaby haben außer uns auch ihre Freundin Silvia und deren zehnjährigen Sohn Jean Paul eingeladen, mit ihnen Weihnachten zu feiern. Die Freundschaft zwischen diesen beiden Familien hat uns in den letzten Monaten tief beeindruckt, denn auch wenn die einen sehr wenig haben, helfen sie trotzdem mit aller Kraft jenen, deren Schicksal noch härter ist. Die Geschichte von Silvia und Jean Paul ist an Tragik kaum zu überbieten, zumindest habe ich selbst auf all meinen Reisen kaum jemanden getroffen, der so viel durchgemacht hat. Silvia ist vierunddreißig und stammt – wie der Großteil der Menschen in Lima – aus einem kleinen Dorf aus den schier unendlichen Weiten Perus. Sie hat mehrere Schwestern und hatte es von Beginn an nicht leicht, denn sie hat als einzige in der Familie eine schwere Erbkrankheit abbckommen: Hier nennt man sie »niños de cristal«, bei uns kennen wir sie als »Glasknochenkrankheit«, der medizinische Begriff lautet *Osteogenesis imperfecta*. Silvia ist kleinwüchsig, hat verformte Beine, einen verformten Oberkörper, der teilweise den Organen wenig

Platz lässt, kann sich überdurchschnittlich schnell Knochen brechen und hat eine schwache Lunge und ein schwaches Herz. Sie nähert sich bereits jetzt dem höchsten Alter, das Menschen mit ihrer Krankheit üblicherweise erreichen. Als junges Mädchen wurde sie von ihrer Familie schlecht behandelt, denn leider glauben in Peru viele Menschen immer noch, dass Behinderungen eine irgendwie rechtmäßige Strafe Gottes sind. Ihre Schwestern ließen sie viel zu schwere Hausarbeiten verrichten und gaben ihr kaum zu essen. Es war immer klar, dass eine Schwangerschaft für Silvia ein großes Überlebensrisiko darstellen würde, doch die Grausamkeiten und Wunder reihten sich aneinander: Silvia wurde von einem Nachbarn in ihrem Dorf vergewaltigt, und sie wurde schwanger. Sie überlebte den Übergriff, die Schwangerschaft und die Geburt entgegen ihren eigenen Erwartungen, und heute ist Jean Paul bereits zehn Jahre alt. Silvia ist mit Jean Paul bald nach seiner Geburt nach Lima gezogen, zuerst zu ihren Schwestern, die sie in der Stadt aber nicht besser behandelt haben als zu Hause. Jean Pauls Vater zog ebenfalls nach Lima, die Situation ist denkbar schwierig: Silvia hat ihren Vergewaltiger angezeigt, entschied sich dann aber auf den Rat ihrer Anwältin hin, ihn nicht ins Gefängnis zu bringen, da er als Häftling keinen Unterhalt für Jean Paul zahlen könnte. Sie ist nun auf seine finanzielle Unterstützung angewiesen. Jean Paul weiß nicht, weshalb Silvia möglichst wenig mit seinem Vater zu tun haben will, und möchte mit ihm ebenfalls Zeit verbringen. Silvia bemüht sich daher entgegen ihrer eigenen Ängste darum, dass Jean Paul von Zeit zu Zeit von seinem Vater besucht wird.

Jean Paul hat ebenfalls die Glasknochenkrankheit und muss daher enorm aufpassen, sich nicht zu verletzen. Seine Mutter und er leben zu zweit in einem winzigen Zimmer in einem Vorort von Lima. Eine steile Treppe führt in die Wohnung im ersten Stock, die Jean Paul auf allen vieren hinaufklettert, um nicht zu stürzen. Sie teilen sich Badezimmer und Küche mit anderen Familien, die auf diesem Stockwerk leben, auch Katzen und Hunde streunen durch das Haus, überall ist es dreckig. Kürzlich musste Jean Paul an beiden Beinen operiert werden, die medizinischen Kosten sind kaum tragbar. Unterstützung bekommen sie nur von einer Kirchengemeinde, der sie angehören, sowie von Jorge, Pilar und ein paar anderen Freunden. Der peruanische Staat stellt kaum Hilfen für Menschen in ihrer Situation zur Verfügung. Bis vor Kurzem lag Jean Paul mit einem Ganzkörpergips für einen Monat im Bett, die bereits überstandene zwölfstündige Operation verspricht aber, dass er bald relativ normal laufen können wird. Seit er aus dem Krankenhaus zurück ist, möchte er Arzt werden und später selbst Kindern wie ihm helfen.

Immer wieder haben die beiden Hilfe in letzter Minute bekommen, als sie schon gar nicht mehr damit rechneten. Als wir die beiden kennenlernten, begann Jean Paul mit mir Englisch zu sprechen. Er hatte über Online-Spiele in einem Internetcafé ein paar Worte gelernt, und ich war beeindruckt, wie gut er die englischen Begriffe aussprach und wie schnell er lernte, wenn ich ihm mehr Wörter beibrachte. Er ist ein echtes Sprachentalent und ganz allgemein ein gescheiter Kopf, das merkt man schnell, wenn man mit ihm spricht. Weil wir sein Talent also fördern wollten, haben wir für Jean Paul einen kleinen Computer organisiert, den Klaus dann für ihn aus Österreich mitgebracht hat. Vor der Abreise nach Bolivien haben Tom und ich außerdem einen Weihnachtsspendenaufruf an Freunde und Familie in Österreich gesendet, um die beiden zu unterstützen. Wir freuen uns besonders auf dieses Weihnachtsfest, weil wir Silvia heute mit einer schönen Spendensumme überraschen können. Auch wenn wir damit viele ihrer Schmerzen nicht lindern können, soll es

dabei helfen, den beiden ein Leben zu ermöglichen, das sie verdienen. In die Weihnachtskarte, mit der wir unser Geschenk überreichen, schreibe ich hinein: »Quedamos muy impresionados de cómo manejan su vida.« – Wir sind sehr beeindruckt davon, wie ihr euer Leben meistert.

* * *

Nach einem berührenden Weihnachtsabend mit unserer peruanischen Familie beginnen wir, unsere Wohnung auszuräumen. Die Upcycling-Möbel sind schnell entfernt, manche sind sogar so gut installiert, dass der Vermieter sie behalten möchte. Dank meiner Neurose, schon Wochen vor einem Umzug alle vorhandenen Lebensmittel aufzubrauchen, nur um dann zu merken, dass viel zu früh alles weg ist und ich nochmals alles auf Vorrat einkaufen muss, haben wir eine ganze Küche voller Lebensmittel an unsere Freunde weiterzugeben. Viele besuchen uns ein letztes Mal. Wir verschenken, was wir nicht mehr brauchen, und geben Dinge zurück, die sie uns geliehen haben. Die Stimmung wird von Stunde zu Stunde sentimentaler, denn wir merken: Ein Stück von uns bleibt hier. Trotzdem haben wir uns entschieden, den Abschied nicht mehr weiter hinauszuzögern. Noch immer fühlen wir uns seltsam verpflichtet, die Zeit auf diesem Kontinent zu nutzen, um möglichst viel Neues zu sehen. Wir haben in den vergangenen Wochen gelernt, etwas langsamer zu gehen, und wir werden den *Lonely Planet* nur konsultieren, um herauszufinden, welche Orte wir meiden werden. Kein vorgedrucktes Buch kann dir sagen, wo du das Gefühl finden wirst, einen geheimen Schatz entdeckt zu haben. Wenn ich an die Abenteuer denke, die uns jetzt hoffentlich bevorstehen, dann bekomme sogar ich wieder Reisefieber. Es ist endgültig Zeit für neue Entdeckungen abseits des Mainstreams – unsere Forschungsreise geht weiter.

BESUCH

Der Soziologe John Urry sagt, dass auf jeden Reisenden, der länger im Ausland lebt, statistisch gesehen vier weitere Reisende kommen, die ihn oder sie besuchen. Besucher von Freunden oder Familienmitgliedern sind momentan die am schnellsten wachsende Gruppe Reisender weltweit.[21] Die Rechnung geht auch in meinem Umfeld bzw. bei mir auf: Während meines Erasmus-Semesters beobachtete ich die ständig ankommenden und abreisenden Besucherinnen und Besucher der Erasmus-Community. Mit meinem Vater als einzigem Besucher war ich das Schlusslicht dieses inoffiziellen Rankings, andere bekamen Besuch von ihrer ganzen Familie, ihrem Partner und einer Freundesclique. In Ottawa habe ich mich dafür mit vier Besucherinnen und Besuchern brav an den Durchschnitt gehalten. Nach Klaus und Toms Vater macht jetzt, nach Weihnachten, Toms Freund Markus mit seinem zweiten Besuch in Peru auch diese Statistik komplett. Markus ist Elektriker, kann sich mit seinem Hauptschulenglisch ausreichend verständigen, spricht aber kein Wort Spanisch. Eine Reise nach Südamerika war bis vor Kurzem für ihn unvorstellbar, eine fremde, unerreichbare Welt. Dass Tom für ein Jahr nach Peru gegangen ist, war für ihn die

21 The threat hanging over our global travel - John Urry: www.youtube.com/watch?v=9hsXavy2dyE (13.04.2018)

perfekte Gelegenheit, das zu ändern. Schon zu Ostern war er auf Besuch hier, und weil dieser so exotische Kontinent ihn fasziniert hat, kommt er nun nach Weihnachten wieder, um mit uns gemeinsam drei Wochen durch Ecuador zu reisen. Ich bin schon sehr neugierig, wie es sein wird, so lange zu dritt unterwegs zu sein, denn meine Erfahrungen mit Besuchern waren bisher sehr unterschiedlich. Die Gegenwart einer Person, die gerade eben noch in Österreich war, schärft ganz subtil wieder meinen eigenen Blick für Außergewöhnliches und Andersartiges hier in Lima, an das ich mich schon so gewöhnt habe. Auch für Markus ist es eine tolle Gelegenheit: Er hat dank Tom und mir hier ortskundige Übersetzer, die sich auskennen und ihm die besten Plätze zeigen können.

Am interessantesten finde ich, was Besuche mit der Beziehung zwischen zwei Personen machen können. Als meine gute Freundin Monika mich in Kanada besuchte, konnte ich spüren, dass sie mich zuerst kaum wiedererkannte: Durch die andere Sprache, gepaart mit anderer Körpersprache, neuen Prioritäten, Freunden und Interessen war ich ihr richtiggehend fremd geworden. Umgekehrt fand ich es einerseits schön, mein neues Leben herzuzeigen, sie durch »mein« Ottawa zu führen und ihr neue Freunde vorzustellen, andererseits empfand ich es als schwierig, den vermeintlich unterschiedlichen Erwartungen an mich gerecht zu werden. Wenn auf diese Art zwei meiner Welten aufeinandertrafen, fühlte ich mich manchmal wie zwischen den verschiedenen eigenen Rollen zerrissen. Schlussendlich aber liegt es nicht an der Frage »Besuch oder kein Besuch?«, ob eine Freundschaft oder Beziehung stärker oder schwächer aus der Phase langer Distanz herausgeht. Das Gefühl, fremd geworden zu sein, stellt sich zu manchen auch beim Wiedersehen in der Heimat ein. Reisende und Daheimgebliebene entwickeln sich beide weiter, doch es geschieht eben außerhalb des Blickfeldes der anderen Person. Monika und mich hat ihr Besuch am Ende näher zusammengebracht, weil sie die veränderte Claudia nach einer Weile mit offenen Armen angenommen hat. Heute ist es schön zu wissen, dass sie auch diesen Teil meines Lebens kennengelernt und sich selbst einen Eindruck davon gemacht hat. Andere Besucher haben mich fast in den Wahnsinn getrieben, weil ich es trotz vieler Bemühungen nicht geschafft habe, ihnen meine Wahrnehmung des fremden Landes zu vermitteln. Sie entdeckten ständig Bestätigungen ihrer bereits vorhandenen Vorurteile und den bekannten Klischees, ohne je hinter den Vorhang zu blicken, den ich ihnen regelmäßig versuchte aufzuhalten. In diesen Momenten wünschte ich mir oft, sie wären zu Hause geblieben und hätten sich statt zwei Wochen Urlaub bloß einen Abend Zeit genommen, um mit mir auf Skype zu sprechen. So hätte ich ihnen vielleicht mehr von meinem neuen Alltag erzählen können als während ihres stereotypischen Touristenbesuchs.

Was also tun: John Urrys Statistik weiter hinauftreiben oder auf die nächste Gelegenheit für einen Auslandsbesuch verzichten? Meine persönliche Antwort widerspricht sich selbst, sodass am Ende jeder selbst entscheiden muss: Der ideale Besucher bleibt lange, bewegt sich aber auch frei und unabhängig von seinem Gastgeber im unbekannten Land, hat Interesse an dessen neuem Leben, ohne sich ein Urteil zu bilden, ist offen für dessen Erfahrungen und macht sich aber ein eigenes Bild von der fremden Umgebung. Kurzum: Die idealen Besucher sind Freunde aus der Heimat, die diese Reise auch angetreten wären, wenn du nicht zufällig gerade vor Ort wärst.

* * *

Gemeinsam mit Markus verlassen wir noch vor Silvester Lima, um das neue Jahr an einem kleinen Strand im Norden des Landes willkommen zu heißen. Dank der Tipps unserer peruanischen Freunde meiden wir das Lignano von Peru und finden uns nur dreißig Kilometer davon entfernt in einem winzigen Dorf wieder, wo sich nur wenige Urlauber aufhalten. Trotzdem treffen wir auch hier im Hostel neben vereinzelten europäischen Surf-Junkies einige deutsche Backpackerinnen, die nach mehreren Monaten Volunteering in Lima mit ihren peruanischen Lovern hierhergefunden haben. Wir feiern gemeinsam das Ende des Jahres, auf das ich mit gemischten Gefühlen zurückblicke. Es war bei Weitem das reiseintensivste Jahr meines Lebens. Wird es das auch bleiben, so wie ich es mir vornehme? Während ich mich am ersten Tag des neuen Jahres am Strand von der Silvesternacht erhole, beobachte ich einige Kinder, die eifrig den nassen Sand umgraben, scheinbar ohne ein bestimmtes Ziel. Wir Reisende sind auch nicht anders. Wir wühlen den Planeten um, so wie Kinder die Erde, mit dem Bedürfnis, alles so genau wie möglich kennen und verstehen zu lernen. Irgendwann werden Kinder erwachsen und hören damit auf. Sie beschließen, dass sie nun wissen, was sich da unter ihren Füßen befindet. Wann werden wir beschließen, dass wir genug von der Erde gesehen haben? Wird es dann überhaupt noch Orte geben, zu denen überhaupt keine Touristen finden? Ich bezweifle, dass es diese jetzt überhaupt noch gibt.

* * *

Wir lassen Peru hinter uns und nehmen den nächstbesten Bus nach Ecuador. Er ist bereits vollgestopft mit Travellern, die vermutlich Silvester im besagten peruanischen Lignano gefeiert haben. Ich ärgere mich gleich zutiefst: Ist unser nächster geplanter Halt denn schon wieder so ein bekannter Hotspot für Reisende? Zum Glück nicht, wir müssen nochmals umsteigen, wie wir bald vom Busfahrer erfahren. Ich juble innerlich, als außer Markus, Tom und mir nur eine Handvoll anderer Backpacker den Bus in Richtung einer Kleinstadt in den Anden besteigt. Die restlichen Gringos fahren weiter an den nächsten Strand. Dafür erfahren wir bald am eigenen Leib, dass Reisen an abgelegenere Orte schnell beschwerlicher werden können: Für weniger als zehn Personen wird kein eigener Bus organisiert, deshalb dürfen wir an der Umsteigestelle von zwei bis fünf Uhr früh warten. Die Haltestelle, an der wir uns wiederfinden, befindet sich in einer menschenleeren Gasse des kleinen Ortes, dessen Namen ich nicht erfahre. Ich weiß nicht, ob ich es beruhigend oder beunruhigend finden soll, dass sie von einem dicken Mann mit Machete bewacht wird. Er jedenfalls scheint sich keinerlei Sorgen zu machen und döst auf seinem Hocker vor sich hin. Ich breite meine Isomatte auf dem Gehsteig aus, lehne mich an meinen Rucksack und tue es ihm gleich – allerdings lieber mit geöffneten Augen.

REGENWALD

Markus hat sich schon vor seiner Ankunft gewünscht, dass wir einige Tage im Regenwald verbringen. Er träumt davon, die Machete schwingend durch grünes Dickicht zu wandern, Indianer zu treffen und wilde Tiere aufzuspüren. »Von mir aus«, meinte ich, »unter einer Bedingung: Wir finden einen möglichst untouristischen Ort, wo wir so etwas machen können.«

Gesagt, getan. Mithilfe des *Lonely Planet* eliminierte ich die typischen Regenwald-Hotspots Ecuadors und fand in einer Randbemerkung im Guide eine selten befahrene Route in die Selva. Ein kleiner, unscheinbarer Ort soll das Tor zu diesem Teil des primären Regenwaldes sein. Also steigen wir in einen Bus, der uns in rasantem Tempo auf einer kurvenreichen Straße an unser neues Ziel bringt. Jedem von uns ist speiübel, als wir wieder festen Boden unter den Füßen haben, aber nur bei mir lässt dieses Gefühl in der kommenden Stunde nach. Die Jungs sind ganz offensichtlich richtig krank. Mit den zwei blassen Gestalten im Schlepptau finde ich ein billiges Hotel für uns und stecke die beiden in ihre Betten, wo sie für die nächsten vierundzwanzig Stunden auch bleiben. Als Tom sich danach immer noch nicht besser fühlt und auch noch einen fiesen, aufgeschwollenen Insektenstich mitten im Gesicht hat, mache ich mir Sorgen. Hat er sich eine Tropenkrankheit eingefangen? Normalerweise verweigere ich jeglichen Arztbesuch und reise auch völlig unbekümmert ohne Medikamente im Gepäck, doch jetzt gerade bin ich mir meiner Sache nicht mehr so sicher. Ich bringe Tom zum Arzt, der gleich Entwarnung gibt: Eine Grippe ist im Ort im Umlauf, die hat Tom anscheinend erwischt, weiter nichts. Während mein tapferer Krieger von Medikamenten betäubt seinen Virus auskuriert, streunen Markus und ich durch den Ort und entdecken ein kleines Freiluftcafé auf einem Hügel, von wo aus man einen wunderbaren Blick in den Regenwald hat. Wir setzen uns und erfahren sogleich lauschend, dass die Besitzer des Cafés hinter der Bar stehen und das Lokal erst vor Kurzem neu eröffnet haben. Wir kommen mit den beiden ins Gespräch. Marcos und Augustina kommen aus Argentinien. Das Paar ist monatelang mit dem Fahrrad durch Südamerika unterwegs gewesen. »Noch zwei so Reiseverrückte!«, denke ich mir, »Die sind wirklich überall ...« Gleichzeitig bewundere ich diese Verrückten, immerhin haben sie ihren Heimatkontinent mit dem Fahrrad befahren und konnten durch das gedrosselte Reisetempo bestimmt viele besondere Orte entdecken. So zum Beispiel auch den Platz, an dem wir gerade sitzen, den sie nämlich für ihren Neuanfang auserkoren haben. »Unser Startkapital für ein eigenes Café ist in Ecuador mehr wert als in Argentinien. Und hier haben wir uns gleich wohlgefühlt. Also haben wir uns gedacht: Porqué no?« erzählt Marcos lachend in stark argentinisch gefärbtem Spanisch. Zwei Monate nach der Eröffnung sind sie sehr zufrieden, die örtliche Bevölkerung kommt immer öfter zu Besuch. Touristen gibt es kaum, nur ein paar europäische Ärzte, die ihren halbjährigen Auslandsdienst hier absolvieren. Wir sind hier also durchaus exotisch. Marcos fragt, woher wir kommen. »Somos de Austria«, sage ich routiniert, worauf ich aber eine sehr seltene Antwort erhalte. Welch ein Zufall, entgegnet mir Marcos, im Ort lebe eine alte Dame, Margarita, sie sei ebenfalls Österreicherin!

Ich bin neugierig auf diese Auswanderin, und da sie ganz in der Nähe wohnt, holt Marcos sie gleich zu uns. Glücklicherweise habe ich wenig Zeit, mir Vorstellungen von ihr zu machen, denn egal was ich mir ausgedacht hätte, sie wären in jedem Fall von der quirligen Person überboten worden, die kurz darauf das Café betritt. Eine leicht füllige, braun gebrannte Frau mit fröhlichen, blonden Löckchen und unzähligen Lachfalten im Gesicht nähert sich uns. In der Hand hält sie die Leine eines gemütlichen Cockerspaniels, der ihr augenscheinlich nie von der Seite weicht. Ihr Alter ist schwer abzuschätzen, doch sie versprüht die Energie einer Sechzehnjährigen. Alle kennen und grüßen sie, sie küsst und herzt alle, bevor sie auf uns zukommt: »Hallo Queridos! Ihr kommt aus Österreich, habe ich gehört? Ja woher denn genau?«

Als ich ihr meinen Heimatort nenne, flippt sie vollkommen aus, nimmt mich in die Arme und hüpft auf und ab. Sie stammt tatsächlich aus der benachbarten Stadt. Sofort wechseln wir in unseren Heimatdialekt, das Vorarlbergerische. »I wohn scho so lang in Ecuador, abr i han noch NIE jemanden us Vorarlberg do troffa!«, ruft sie begeistert aus. Markus klinkt sich sehr bald aus unserem Gespräch aus und geht spazieren, während Margit – Margarita ist die spanische Abwandlung ihres wirklichen Namens – mir bei Kaffee und Kuchen ihre Lebensgeschichte erzählt. Ihr Hund, Jeffie, liegt die ganze Zeit brav zu ihren Füßen. Wer weiß, wie oft er diese Geschichte wohl schon gehört hat.

Als junge Frau wollte Margit in Vorarlberg Journalistin werden, wurde aber Ende der Sechzigerjahre wegen ihres Geschlechts überall abgelehnt. Sie versuchte ihr Glück hinter der Grenze zur Schweiz, wo die Gesellschaft bereits liberaler war, und wurde so zur ersten weiblichen Redakteurin der Region. Fast zwanzig Jahre als Reporterin und zwei verstorbene Ehemänner später wollte sie ihr eigenes

Ding machen und eröffnete ein Reisebüro unter dem Namen »respektvoll reisen«. Sie ist bis heute sichtlich stolz darauf, zu einer Zeit Reisen in weit entfernte Länder organisiert zu haben, als in Mitteleuropa laut ihren Worten »noch alle Leute mit dem Volkswagen nach Rimini fuhren, um sich dort den Bauch zu bräunen«. Gruppenreisen auf die Galápagos-Inseln, zum Machu Picchu, in die Mongolei und nach Kanada waren Teil ihres Programms. Im Fokus stand dabei immer die Begegnung mit der Natur, mit alten Riten und Traditionen bei den Schamanen in der Mongolei, den Indianern Kanadas und bei den Indígenos im ecuadorianischen Urwald. Hier, einige Stunden von dem Ort entfernt, an dem wir uns nun gegenübersitzen, traf sie vor fünfunddreißig Jahren auf eine unberührte Indígeno-Gemeinde mitten im Regenwald, bei der sie erstmals den Tourismus belebte. Ihr Ziel war es, den Menschen ein besseres Einkommen und mehr Bildung zu ermöglichen, was lange Zeit auch gut funktioniert habe, erzählt sie. Als sie vor acht Jahren in Pension ging, überließ sie der Gemeinde die Weiterführung des Tourismus, doch das schien weniger gut zu funktionieren. Inzwischen sei viel von der aufgebauten Infrastruktur wieder kaputtgegangen, die Regionalpolitik sei nicht an einem Wiederaufbau interessiert und die jugendlichen Indígenos selbst wollen nur Geld verdienen, erzählt Margit. Ihre Worte erinnern mich an die Beschreibungen von Jesús in der peruanischen Selva. Das stimmt mich sehr nachdenklich. Gleichzeitig frage ich mich: Wollte diese Gemeinde überhaupt jemals den Tourismus, den Margit zu ihnen gebracht hat? Sie hat zu vielen Familien bis heute guten Kontakt, manche leben nun auch in der Nähe der Stadt und Margit besucht sie hin und wieder. Sie selbst ist nach ihrer Pensionierung nach Ecuador gezogen, weil sie »an einem Ort leben wollte, an dem die Menschen noch Respekt vor dem Alter haben«. Ganz offensichtlich fühlt sie sich hier wohl, sie scheint sich zu gefallen in der Rolle der Aussteigerin und Hippie-Oma für alle. Ihr Spanisch ist ausgezeichnet, wenn auch stark gefärbt vom markanten Vorarlberger Akzent. Dass sie viele ihrer spanischen Sätze trotzdem mit »Also« beginnt und mit »gell?« aufhört, wirkt wie ein inszeniertes Markenzeichen, mit dem sie sich ihren Status als Exotin sichert.

Als Markus von seinem Spaziergang zurückkommt, zeigt Margit uns noch ihr Haus, das keine zwei Gehminuten vom Café entfernt liegt. Wir betreten einen riesigen, wunderschönen Holzbau. Vom Balkon aus hat man einen großartigen Blick ins tropisch bewaldete Tal. Hier macht sie jeden Morgen mit ihren Freundinnen Yoga, erzählt sie. Sie vermietet auch Gästezimmer auf Airbnb, doch die Webseite überfordert die alte Dame ganz offensichtlich, auch wenn sie ansonsten mit ihrem MacBook und dem iPhone routiniert umgeht. Ihr Telefon läutet permanent, weshalb es schwer ist, eine geradlinige Konversation mit ihr aufrechtzuerhalten. Während sie zum wiederholten Male mit jemandem aus dem Ort auf Spanisch telefoniert, schaue ich mich im Inneren des Hauses um. Auch wenn sie modern und jung geblieben wirkt, erkennt man im Haus die Traditionsverbundenheit der Dreiundsiebzigjährigen. Im CD-Regal finde ich Volkslieder aus Österreich, vom erst kurz zurückliegenden Weihnachtsfest steht immer noch ein Bäumchen mit Christbaumkugeln im Wohnzimmer, daneben eine Krippe, auf dem Wohnzimmertisch ein Adventkranz. Großflächige Malereien und indigenes Kunsthandwerk schmücken das Haus, dazwischen ein paar Zeichnungen von Kindern »para Margarita«. Sie erzählt uns, dass kürzlich eine Familie von Indigenen ihren Sohn an seinem zwölften Geburtstag ohne vorherige Ankündigung zu ihr geschickt hat, um den ganzen Tag bei ihr zu verbringen. Sie war völlig perplex, bemühte sich dann aber, dem Jungen und seinem Bruder einen schönen Tag zu bereiten. Im Laufe des Tages wurde ihr bewusst, dass die Indigenen üblicherweise keinen Geburtstag feiern. Deshalb hatten die Erzählungen von Schulkollegen über deren Geburtstagsfeste die ganze Familie wohl sehr nervös gemacht und es war ihnen eingefallen, dass Margarita doch bestimmt Ahnung davon habe, wie man diesen Tag ordentlich zelebriert. Ich bekomme immer mehr den Eindruck, dass Margit die Rolle der reichen Gringa-Tante für die Indigenen einnimmt. Sie übernimmt diesen Part ganz offensichtlich gerne, um dafür ein bisschen Teil deren Welt zu sein. Sie bietet an, uns am nächsten Tag zu ebendieser Familie mitzunehmen. Dort wird es auch ein kleines Programm für Touristen geben, erwähnt sie ganz nebenbei. Margit ist plötzlich wieder in ihrem Element als Reiseleiterin: »Das kostet nicht viel und ist sehr schön. Ein paar traditionelle Rituale und eine Wasserfallwanderung. Für die Familie ist es hilfreich, wenn sie sich so ein Zubrot verdienen können.« Vor allem Markus ist neugierig darauf, also stimme ich ebenfalls zu.

Am nächsten Tag schließt sich uns noch Augustinas Mutter an, die gerade für drei Wochen zu Besuch ist. Mit einem Taxi fahren wir aus der Stadt hinaus, Margit lotst den Fahrer ortskundig zu einer abgelegenen Schotterstraße und durch einen Wald hindurch. Nach etwa dreißig Minuten Fahrt erreichen wir einige kleine Hütten, vor denen uns bereits eine Gruppe von Menschen mit einer Mischung aus moderner Kleidung und traditionellen Gewändern erwartet. Drei junge Männer in bunten Röcken und mit freiem Oberkörper halten Speere in der Hand, drei ähnlich gekleidete Frauen bemalen uns zur Begrüßung das Gesicht. In einer Hütte wird uns ein Begrüßungsritual vorgeführt, Margit filmt alles begeistert mit ihrem iPhone, auch Markus macht viele Fotos. Dann sollen wir gemeinsam mit den Indigenen einen traditionellen Tanz tanzen. Die Männer und

Frauen zeigen uns die Schritte, die wir etwas unbeholfen nachmachen. Die Musik kommt aus großen Boxen, die in der Strohhütte installiert wurden. Auf einem Bänkchen in der Ecke sitzt eine Frau mit ihrem Neugeborenen. Sie trägt Leggins, ein T-Shirt und hat den modernen Kinderwagen vor sich, das Baby trägt einen Strampler. Danach begeben wir uns auf eine kleine Wanderung durch den Wald. Die naturkundigen Männer zeigen uns einige spezielle Pflanzen auf dem Weg, bevor wir einen Wasserfall erreichen. Dieser ist ihrem Glauben nach heilig, darum führen sie uns vor, wie sie zu ihm sprechen. Wer möchte, kann für einen kleinen Aufpreis ein spirituelles Reinigungsritual am Fuße des Wasserfalls durchführen. Niemand wagt die Unhöflichkeit, das Angebot auszuschlagen. Augustinas Mutter, Markus, Margit und schließlich ich sind einzeln nach der Reihe dran. Am Ende stehen wir alle patschnass unter dem eiskalten Wasserfall, während Margit wieder Fotos von uns macht. Zurück am Ausgangspunkt der Wanderung werden wir noch in eine kleine, runde Hütte geführt, wo Schmuck und anderes selbstgemachtes Kunsthandwerk zum Verkauf steht. Ich bin nicht sicher, was ich von dem ganzen Ausflug halten soll. Die Geschäftemacherei mit der eigenen, musealen Kultur – hilfreich und fair gegenüber den oft abgehängten Indigenen oder abstruser Auswuchs des Kapitalismus? Für den Moment begnüge ich mich damit, dass Markus mit seinem neuesten Reiseerlebnis mehr als zufrieden zu sein scheint. Auf der Rückfahrt im Taxi fragt er mich: »Die haben aber normalerweise nicht diese Kleidung an, oder? Was glaubst du?«

Spätestens seit meiner ersten Begegnung mit Menschen der »First Nations« in Kanada beschäftigt mich die Situation von indigenen Bevölkerungen. Lange davor lauschte ich bereits den Erzählungen meines Vater, der einige indigene Stämme im brasilianischen Amazonasgebiet besucht hatte. Sie hätten ihm beim Begrüßungsritual einen eigenen Namen gegeben und er durfte mit ihnen Krokodile und Pirañhas fangen. Je mehr ich selbst über indigene Gruppen erfuhr, desto mehr fragte ich mich: Wie viel Inszenierung und wie viel Lebensrealität hat er dort wirklich erlebt? Das verworrene Knäuel aus Landraub, Ausgrenzung, kulturellem Genozid, Wiedergutmachungen, bleibenden Vorurteilen, Erhaltung der alten Kultur und Möglichmachung der Zugehörigkeit zur Mehrheitsgesellschaft ist eine Herausforderung, an der sich Staaten weltweit die Zähne ausbeißen – sofern sie daran überhaupt Interesse zeigen. Umso seltsamer finde ich die verklärte, romantisierte Art, auf welche Touristen immer wieder den indigenen Kulturen begegnen, während die meisten Indigenen selbst in einer viel komplexeren Mischung aus westlichem und ursprünglichem Alltag leben.

* * *

Als wir von unserem Wasserfallausflug in die Stadt zurückkommen, erwartet uns ein wiedergenesener Tom. Margit schlägt uns vor, von unserem Hotel zu ihr ins Haus zu übersiedeln. Wir nehmen das Angebot gerne an. An diesem Abend zeigt sie uns einen Dokumentarfilm, den eine Freundin aus der Schweiz während ihres Besuchs im ecuadorianischen Regenwald gedreht hat. Die Aufnahmen stammen aus den Achtzigerjahren, die Qualität der Bilder rührt ganz offensichtlich von einer digitalisierten VHS-Kassette her. Margit hat ihre Freundin damals zu jenem indigenen Stamm mitgenommen, zu dem sie später auch Touristengruppen brachte. Da die Dokumentarfilmerin mehrere Jahre dort verbrachte, wurde sie Zeugin einer Geburt, eines Berauschungsrituals und vieler anderer Alltagsszenen, die sie aufnehmen durfte. Während wir diese Bilder sehen, kommentiert Margit unablässig, was sich seither alles verändert hat und wie außergewöhnlich es ist, dass diese Traditionen nochmals auf Video festgehalten werden konnten, bevor sie fast gänzlich verschwanden. Ich finde diesen authentischen Film weit interessanter als die inszenierte Wasserfallwanderung vom heutigen Nachmittag. Da auch ich immer wieder insgeheim darauf hoffe, solch mystische Szenen live zu erleben, beschämt es mich, als ich von Margit höre, dass diese Praktiken nicht mehr im realen Alltag existieren. Die Doku macht mir auch begreiflich, was den meisten Touristen bei ihren Touren wohl leider entgeht: Andere Lebensformen machen noch keine andere Spezies. Nur weil dies vielleicht die extremste Andersartigkeit von Menschen ist, die wir kennen, können wir sie nicht einfach besichtigen wie Zootiere. Die Umgangsformen untereinander, die Emotionen, die Konflikte, sie sind die gleichen, wie wir sie tagtäglich erleben.

Der Film weckt in Markus die Lust, noch mehr Urwaldstimmung aufzusaugen. Er hat ebenso wie ich begriffen, dass die Rituale der Indigenen meist nur noch für touristische Darbietungen herhalten müssen, doch die tropische Natur bleibt für ihn ein weitgehend fremdes Schauspiel, die er noch näher kennenlernen will. Margit kennt einen Tourismusanbieter in der Stadt, der mehrtägige Abenteuerausflüge in den Urwald anbietet. Schon wieder eine Tour? Ich bin skeptisch, doch Tom will Markus den Gefallen tun. Ich kann nicht umhin, eine psychosomatische Reaktion zu vermuten, als ich am nächsten Tag mit Grippe aufwache. Mein Körper hat Toms Viren wohl bereitwillig angenommen, als meine Psyche sich gegen die drohende organisierte Tour zu wehren begann. Die Jungs bieten mir an, noch einen Tag zu warten, damit auch ich mitfahren kann. Ich winke ab: »Wenn ich schon so viel predige, dass man länger an einem Ort bleiben soll, dann muss ich jetzt auch mal auf etwas verzichten und hierbleiben.« Also ziehen die beiden los, um zwei Tage lang Kanu zu fahren, in Gummistiefeln durch den Regenwald zu stapfen und ihre eigene Nahrung zu sammeln, in der Natur zu zelten und bei Nacht zu fischen. Margit hat mich inzwischen freudig als Enkeltochter adoptiert und pflegt mich mit Tee, Essigsocken und Globuli gesund. Allein ihre Fürsorge macht mich rasch wieder fit. Das ist auch nötig, denn ich erlebe, wie actionreich Margits gewöhnlicher Alltag ist, und komme so in den Genuss meines eigenen Survival-Trainings. Unzählige Menschen gehen in ihrem Haus ein und aus, die meisten wohnen im Ort und kennen Margarita schon lange. Viele stammen selbst aus indigenen Dörfern und leben nun in der Stadt, wo sie bürgerliche Berufe ausüben. Die Englischlehrerin des Orts kommt mit ihrem Neugeborenen vorbei, um es Margit zu zeigen, eine wohlhabende Nachbarin kommt mit ihrer alten Mutter dazu. Margit lädt auch den Gärtner, der gerade ihren prächtigen Garten auf Vordermann bringt, zum Aperitif ein, und so sitzt die bunte Runde auf dem Balkon zusammen. Es wird über Regionalpolitik gesprochen, welche Maßnahmen der Bürgermeister versprochen hat, aber nicht einhält, über den brachliegenden Flugplatz, von dem aus früher eine Propellermaschine zu den Stämmen in den Urwald flog, was jetzt auf unbestimmte Zeit nicht mehr möglich ist. Immer wieder reißt Margit das Gespräch an sich und wechselt das Thema, sie erzählt im Laufe des Tages die Lebensgeschichten all ihrer zwölf Patenkinder, die sie in der ganzen Welt hat, manche erzählt sie gleich zweimal. Da die Besucher aber ständig wechseln und nur ich den ganzen Tag dabei bin, fällt das wohl sonst keinem auf, es sei denn, sie haben die Geschichten schon bei früheren Besuchen gehört, was ich für sehr gut möglich halte. Die verschiedenen Gäste fragen natürlich auch mich fleißig aus, was mir ebenfalls die

Ehre verschafft, vieles mehrmals zu erzählen. Alle freuen sich, dass ich hier zu Besuch bin, und loben die Schönheit ihrer Stadt, die so wenige Touristen aufsuchen. Am folgenden Tag begleite ich Margit bei Erledigungen auf dem Markt. Ich erlebe alltägliches Geschwätz bei der Schneiderin und in der Bäckerei. Es ist unglaublich spannend, denn hier wird über vieles gesprochen, was sonst wohl eher beschämt vor Touristen zurückgehalten würde. Nach zwei Tagen, die ich praktisch pausenlos mit Margit verbringe, bin ich vom Tempo ihres Alltags völlig geschafft. Aber ich bin auch hochzufrieden, dass ich mich entschieden habe, hierzubleiben und die Tour auszulassen. Markus und Tom kehren genauso glücklich aus dem Dschungel zurück: Markus durfte eine Machete benutzen und sie haben einiges über die Pflanzen und Tiere des Regenwalds gelernt. Ihr Guide, ein junger Indigener, hat ihnen traditionelle Musik vorgespielt, erzählt Tom. Spannender waren für ihn aber die abendlichen Gespräche am Lagerfeuer, die wohl sehr viel ehrlicher waren als die Showeinlage im indigenen Kostüm.

Wir planen für den folgenden Tag unsere Abreise, Margit erwartet außerdem Airbnb-Gäste, denen wir unsere Zimmer überlassen werden. Verwirrt durch das Nachrichten- und Buchungssystem von Airbnb ist Margit nicht ganz klar, wie viele Personen wann genau bei ihr auftauchen werden. So kommt es, dass noch am selben Tag plötzlich ein bunter Haufen aus fünf sehr unterschiedlichen Personen vor der Tür steht. Sie hätten via Airbnb für heute reserviert, verkünden sie strahlend. Es bricht ein kleines Chaos aus, angeführt durch Margit, die aufgeregt durchs ganze Haus läuft und gemeinsam mit ihrer Haushaltshilfe, einer jungen indigenen Frau, die Betten neu bezieht, während wir die Zimmer räumen und beschließen, in den Hängematten auf dem Balkon zu übernachten. Die fünf Neuankömmlinge stehen etwas peinlich berührt inmitten des Gewusels herum. Kurzerhand bieten sie an, für alle ein Abendessen zu kochen. So haben wir zwei Stunden später am reichlich gedeckten Tisch Zeit, herauszufinden, wer all die unbekannten Personen sind und was sie hier tun. Ein holländisches Pärchen bestehend aus einem Landschaftsgärtner und einer Reiki-Therapeutin, eine winzig kleine Asiatin und ihr doppelt so großer, dürrer, spanischer Partner mit schwarzer Mähne sowie ein sehr brav aussehender Restaurateur aus Deutschland sind gemeinsam hierhergereist. Das wirft natürlich Fragen auf: Woher kennt sich diese Runde und was treibt sie hierher? Dieser Ort ist nur ein Zwischenstopp, erklären sie uns, ihr eigentliches Ziel ist ein zweiwöchiges »Yoga-Renewal-Retreat« in einem abgelegenen Dorf. Zwei Wochen lang meditieren, Raw Food essen und seine inneren Chakren finden. Klar, was sonst. Ich wundere mich nun auch nicht mehr über das vegane Gericht auf unseren Tellern, in dem der leidenschaftliche Fleischesser Markus seit zehn Minuten traurig herumstochert. Jetzt gerade sieht er Tom fragend an: »Was ist ein Renewal-Retreat?« – »Esoterik«, antwortet Tom bloß. Ich unterdrücke ein Lachen. Zum Glück hat nur der Restaurateur begriffen, wovon die beiden geredet haben. »Noch mehr Wein?«, frage ich in die Runde. Die meisten bleiben lieber bei Kräutertee. Ich bemühe mich, die fünf innerlich nicht noch mehr mit Vorurteilen abzustempeln, und stelle interessiert weitere Fragen. Wo findet dieser Retreat statt? Der Name des Ortes, den sie nennen, kommt mir bekannt vor. Ist das nicht das Dorf der Hundertjährigen, das uns unterwegs bereits als Ausflugsziel angeboten wurde? Tatsächlich, es handelt sich um den Ort, der dadurch berühmt geworden ist, dass die Menschen hier besonders alt werden. Margit kennt ihn und erzählt mir später: »Dieser Ort wird mittlerweile überrannt von Touristen. Von gesunder

Ruhe keine Spur mehr. Auf dem Friedhof kann man deutlich sehen, dass seit 1998 die Menschen immer jünger sterben. Das war das Jahr, in dem der Ausbau der Autostraße in das Dorf fertiggestellt wurde!«

* * *

Hier ist die Menschheit heute also gelandet. Diejenigen, denen Verbindung zur Natur, innerer Frieden, Gesundheit und all so was am wichtigsten sind, sind gleichzeitig die größten Triebkräfte der Globalisierung und Umweltzerstörung geworden. Wie ist das möglich? Auch Margit, die sich selbst ganz offensichtlich in der Rolle der Aussteigerin, Pionierin und Hippie-Oma gefällt, sieht das Entdecken anderer Kulturen, das Reisen – und ganz besonders Flugreisen – ausschließlich positiv. Sie zeigt mir ein Zitat auf der Rückseite einer alten Broschüre ihres Reisebüros »respektvoll reisen«, die sie zielsicher aus einem großen Unterlagenhaufen auf ihrem Schreibtisch fischt. Darauf steht:

»Warum gehst du in den Wald?«, fragt der Vater.

»Um Gott zu suchen«, antwortet der Knabe.

»Aber – ist Gott denn nicht überall?«

»Er schon«, sagt das Kind, »aber ich bin nicht überall derselbe.« (Elie Wiesel)

Margits Interpretation dieses Zitats ist eindeutig. Sie ist das Kind, denn sie hat schon als junge Frau die Menschen gelehrt, mit dem Ziel spiritueller und persönlicher Weiterentwicklung zu reisen. Was sie dabei nicht wahrnimmt, ist, dass ihr inzwischen neue Generationen und neue Umstände nachgefolgt sind. So wie der Vater einst erkannte, dass Gott überall ist, und diese Erkenntnis eine große Errungenschaft für ihn war, so lernte Margits Generation die Weltoffentheit und sich selbst über das Reisen kennen, über das »woanders anders sein«. Wir, meine Generation, können heute ständig überall hinreisen und überall wieder dieselben sein. Die Globalisierung hat es ermöglicht. Wer zu Gott, sich selbst oder etwas anderem finden will, der muss seinen Wald heute nicht mehr in fernen Ländern suchen, im Gegenteil. Unsere Wälder liegen in neuen Verhaltensweisen und Gewohnheiten, die uns auch in den eigenen vier Wänden noch fremd sind: langsam gehen. Kein Smartphone verwenden. Das Gespräch suchen zu Menschen mit anderen Meinungen, anderem Lebensstandard, anderen Werten. Eine neue Sprache erlernen. Gebrauchte Gegenstände verwenden anstelle von »Unboxing«-Videos. Kein Make-up tragen. Auf ein anderes Transportmittel umsteigen. Sport treiben – oder eben einmal faul sein. In eine nahe gelegene, hässliche Gegend fahren. Bis sie dir gefällt. Das sind die neuen Wälder unseres Jahrtausends, die uns vor Abstumpfung bewahren können.

Vielleicht bin ich mit meinen Ansichten schon heute prädestiniert, einmal in Margits Fußstapfen zu treten. Als Aussteigerin aus dem Mainstream, die irgendwann übersieht, dass ihre Ansichten längst gang und gäbe geworden sind. Werde ich es merken, wenn meine Position von neuen, wichtigeren Erkenntnissen überholt wurde? Werde ich bereit sein, meine Meinung zu ändern?

ENTTÄUSCHUNGEN

Wir verlassen Margit und ihre Yogi-Gäste und nehmen einen Bus in die Berge, wo uns ein Mekka für Extremsporttouristen erwartet. Die angekündigten imposanten Mountainbike-Strecken und Vulkan-Trekkings stellen sich allerdings als heillose Übertreibungen der Touristeninformation heraus. Die Mountainbike-Strecke führt an der Autostraße entlang. Während eines sogenannten Vulkanausflugs mit Pferden reiten wir lediglich durch ein paar waldige Hügel. Der Guide verkündet irgendwann: »Hier sind wir am Fuße des Vulkans! Wir sehen ihn leider nicht, er liegt da hinten in den Wolken.« Dann machen wir kehrt und erreichen enttäuscht sehr bald wieder die Stadt. In unserem Vertrauen in die Adventure-Agencies erschüttert, meiden wir die weiteren Angebote für Canyoning, Rafting und Co. Trotzdem ist die Stadt prall gefüllt mit Backpackern jeder Altersklasse, die sich in den zahlreichen Bars und Hipster-Cafés tummeln. WIFI ist permanent und überall verfügbar, und wir verspüren keine große Lust, unseren Aufenthalt in dieser Stadt zu verlängern. Auch Markus hat langsam genug von den touristischen Angeboten, und so reisen wir bald weiter in die Hauptstadt Ecuadors, nach Quito. Kurz zuvor haben wir eine Schweizerin getroffen, die mit ihrem ecuadorianischen Mann eine Herberge führt. Sie hat uns den Kontakt zu einer Familie gegeben, die in Quito eine kleine Ferienwohnung auf Airbnb vermietet und eine Kaffeerösterei betreibt. Nachdem wir Airbnb oft versucht haben zu meiden, weil wir wissen, was diese Angebote in vielen Städten mit den Mietpreisen anrichten[22], entscheiden wir uns nun, eine Ausnahme zu machen.

Und so landen wir bei Beatriz und ihrem Mann Danilo, einem sehr lieben Paar, die ein uraltes, einst bestimmt sehr vornehmes Haus in der Stadt besitzen. Unsere Ferienwohnung befindet sich direkt neben der Kaffeerösterei, die sie uns gerne zeigen. Wir erfahren viel über die Produktion von Kaffee und frischen das Wissen auf, das uns vom Besuch in der peruanischen Kaffeehauptstadt noch geblieben ist. Beim täglichen gemeinsamen Frühstück bleiben wir immer lange sitzen, weil wir so ins Gespräch vertieft sind. Dabei geht es um die Geschichte und Politik Ecuadors, Probleme mit Fairtrade- und Bio-Standards für Kaffee, kulturelle und politische Vergleiche zwischen Europa und Südamerika. Tom und ich stellen viele Fragen und müssen ebenso viele Fragen beantworten. Ich genieße die Gespräche sehr, denn ich habe zum ersten Mal in drei Wochen das Gefühl, etwas Ernstzunehmendes von Ecuadorianern über ihr Land zu erfahren, anstatt nur den Blick der Touristin gewährt zu bekommen. Habe ich bisher zu wenig danach gefragt? Danilo und Beatriz empfehlen uns, »la Mitad del Mundo« zu besuchen. Das wohl bekannteste Wahrzeichen Quitos ist die Äquatorlinie, die ich schon aus den Fotovorträgen meines Vaters kenne. Da wir keine besseren Empfehlungen bekommen, beschließen wir eher halbherzig, diese bekannte Sehenswürdigkeit aufzusuchen. Trotz der ohnehin schon geringen Erwartungen werden wir enttäuscht. Ein riesiger kommerzieller Park wurde rund um ein viereckiges Monument aufgezogen, das die

22 www.zeit.de/entdecken/reisen/2017-07/airbnb-nebenjob-studenten-verwalten-vermieten (30.11.2019)

Trennung in Süd- und Nordhalbkugel markiert. Tom wundert sich: »Warum wird das hier gefeiert, obwohl diese Linie doch durch unzählige andere Länder genauso verläuft?« Diese Frage wird vor Ort im wenig informativen »Museum« nicht beantwortet. Die Eintrittspreise sind horrend, der Besuch dieses Touristenmagnets, wo unzählige Selfies an einer aufgemalten Linie gemacht werden, vor allem ein Horror. Wie oft muss ich mir selbst noch versprechen, in Zukunft solche Orte von vornherein zu meiden, bis ich es begreife?

* * *

Ein weiterer Tipp soll uns in eine riesige Marktstadt etwa eine Stunde außerhalb von Quito führen. Sie gehört wohl zu den drei Top-Touristendestinationen in Ecuador, doch dank der noch frischen Erinnerung an die Äquatorlinie verweigere ich dieses Mal schon vorab den Ausflug. Auch Tom und Markus sehen ein, dass ein riesiger Markt nicht viel anders sein wird als die unzähligen Märkte, die wir bereits gesehen haben und die vermutlich die gleichen Waren und Souvenirs anbieten. Nichtsdestotrotz will Markus in Quito selbst noch zu einem Markt fahren, denn er braucht Mitbringsel für seine Familie und Freunde. Ich habe mir schon vor Monaten in Peru vorgenommen, auf Märkten nichts mehr zu kaufen, vor allem keinen Schmuck. Davon habe ich bereits Unmengen angehäuft, insgeheim wissend, dass ich das meiste davon zu Hause übertrieben finden und nicht tragen werde. Reisen ist eben auch Kaufrausch, denn: »Wann, wenn nicht jetzt?« Der Gedanke, dass ich nicht noch einen Tag überlegen kann, bevor ich mich entscheide, sondern gleich zuschlagen muss, verleitet genauso zum Kauf wie die Idee einer materiellen Erinnerung an einen schönen Aufenthalt. Wer hat nicht schon einmal, auf ein Kleidungsstück angesprochen, gerne lässig erwidert:

»Ach, das? Das hab ich aus Bolivien. Oder war es Peru, ich weiß nicht mehr genau.«

Am meisten Geld geben wir vermutlich, so wie auch Markus, für den gesellschaftlichen Zwang des »Mitbringsels« aus. Wie unhöflich wäre es, seine Reise oder seinen Urlaub einfach zu genießen, ohne dabei an die Daheimgebliebenen zu denken und sich die Zeit zu nehmen, ein Geschenk für sie zu finden! In meinen Jugendjahren hätte ich es natürlich niemals akzeptiert, wenn mein Vater mit leeren Händen von einer seiner Reisen zurückgekehrt wäre. Während ich damals meinen Freunden gerne stolz unterbreitete, aus welchem weit entfernten Land meine neuen Ohrringe und der hübsche Schal stammten, versucht sich mein Vater bis heute mit ständig sinkender Trefferquote zu erinnern, von welcher Reise er welche Kleidungsstücke und Accessoires mitgebracht hat. Ich selbst bin meistens ratlos, wem welche Geschenke gefallen könnten und kaufe daher meist eine Unmenge an verschiedenen Kleinigkeiten, die ich zu Hause dann eher spontan verteile. Mit der Ursprungsidee eines persönlichen Geschenks hat das zugegebenermaßen nur noch wenig zu tun. Ich verüble es auch niemandem, der mit meinem Mitbringsel nichts anfangen kann. In achtzig Prozent der Fälle sind die Geschenke, die mir jemand mitgebracht hat, in der Schublade gelandet. Die anderen zwanzig Prozent sind zu heiß geliebten Besitztümern geworden. Inzwischen bringe ich von Reisen am liebsten Lebensmittel mit, die zu Hause nicht erhältlich sind. Dabei stehen die Chancen, dass sie tatsächlich genutzt werden, am besten. Ich wüsste gerne, wie viel die Souvenir-Industrie an Dingen verdient, die ungeliebt in der letzten Ecke eines Schranks verschwinden. Das Klügste wäre es wohl, wenn die Daheimgebliebenen gleich sagen, dass sie kein Mitbringsel möchten, oder, wenn doch, sich etwas Konkretes wünschen. Das würde eine Unmenge an

Fehlkäufen vermeiden und die Produktion von so manchem Ramsch eindämmen. Als wir den großen Markt mit Markus und seinen Einkaufstüten wieder verlassen, sehen wir draußen einen *Artesano*, der seinen handgemachten Schmuck auf der Straße feilbietet. Mir springt eine Halskette ins Auge, was er natürlich bemerkt ... und schon habe ich meinen eigenen Vorsatz gebrochen.

* * *

Am folgenden Tag steht Markus' Abreise an. Ich bin darüber nicht wirklich unglücklich, denn langsam brauche ich wieder eine »Besuchspause«. Sowohl das permanente Übersetzen als auch das unbestimmte Gefühl, dem Besucher ständig ein interessantes Programm bieten zu müssen, obwohl ich selbst zum ersten Mal diese Reise unternehme, haben die letzten Wochen wenig erholsam gemacht. Dass Tom und ich am Ende schon sehr genervt und angespannt sind, merke ich vor allem daran, dass wir einander immer öfter wegen Kleinigkeiten anzicken. Kurz nachdem Markus ins Flughafentaxi gestiegen ist, unternehmen wir einen Spaziergang in einen nahe gelegenen Park und sind plötzlich viel entspannter. All die möglichen Ausflugsziele und Sehenswürdigkeiten, die Danilo und Beatriz uns doch noch vorschlagen, lehnen wir ab. Ein Kinoabend zu zweit, ohne Gäste oder Touristen, ist das einzige, was wir heute wollen.

Am nächsten Tag lernen wir während des Abschiedsfrühstücks mit unseren Gastgebern eine weitere Bewohnerin des Hauses kennen, von der uns die beiden in den letzten Tagen schon viel erzählt haben. Eine französische Reiseschriftstellerin hat sich bei ihnen eingemietet. Sie lebt, wie man sich im Allgemeinen ein wahres Künstlerleben vorstellt und steht selten vor zwölf Uhr auf, weshalb wir sie bisher auch nie morgens angetroffen haben. An diesem Tag aber schlurft die junge Frau mit langen, zerzausten Haaren verschlafen in die Küche und begrüßt uns, noch etwas verwirrt, in deutlich französisch akzentuiertem Spanisch. Wenige Minuten später, nachdem sie sich mithilfe von Beatriz' Kaffee in die Welt der Lebenden katapultiert hat, ist ihr Redeschwall kaum zu bremsen. Reisen ist ihr Beruf, doch sie hat sich inzwischen darauf verlegt, mehrere Monate an einem Ort zu bleiben, so wie hier in Quito. Wir scheinen ähnliche Erkenntnisse auf unseren bisherigen Reisen gehabt zu haben. Auch sie hat gemeinsam mit ihrem damaligen Freund das Experiment VW-Bus gewagt und ist kläglich daran gescheitert. Die beiden reisten mit ihrem Gefährt durch Neuseeland und schliefen nachts im Bus, meistens irgendwo im Wald am Wegesrand. So hatten Tom und ich es uns ursprünglich ebenfalls erträumt. Als die Französin sich dabei mitten im neuseeländischen Winter eine Lungenentzündung holte, hatte sie die Nase gestrichen voll. Da ihr Freund sich aber von seinen Plänen nicht abbringen ließ, erteilte sie ihm zusammen mit dem Bus eine Abfuhr. Mit unbändigem Temperament beschreibt sie uns lachend und in allen Farben, wie sie im Streit die Schlüssel des Busses in hohem Bogen im Wald versenkte. Ihre Augen verraten, dass sie am liebsten gleich den ganzen Bus von der nächsten Klippe Neuseelands geschoben hätte. Scheinheilig frage ich nach, wie ihr denn Neuseeland ansonsten gefallen hat. Es scheint das Zentrum jedes feuchten Backpackertraums zu sein, dieses Land am Ende der Welt. Umso interessanter finde ich ihre Reaktion: »Absolut *furchtbar!* Es ist sauteuer, es ist meistens kalt und dunkel und landschaftlich sieht es ungefähr so aus wie die Alpen oder Schottland.« Wir überlegen, warum alle dahin wollen. Tom vermutet, es stecke der Wunsch dahinter, die größtmögliche Distanz zwischen unser Zuhause und den Zielort zu bringen. Ich denke an den Werbeeffekt der »Herr der Ringe«-Filme, die dort gedreht wurden. Doch

warum höre ich heute zum ersten Mal, dass Neuseeland nicht so beeindruckend ist, wie die meisten glauben und viele behaupten? Hat unsere französische Schriftstellerin andere Vorstellungen vom idealen Reiseziel als der Rest der Welt? Oder wollen alle anderen einfach glauben, dass ihnen die Reise gefallen hat? Lange, weit und teuer reisen, um dann mit unerfüllten Erwartungen zurückzukehren – das passiert vermutlich öfter, als wir davon erfahren. Denn Reisen und schöne, außergewöhnliche Erlebnisse gehören zu den größten Statussymbolen unserer Zeit. Ich weiß, wovon ich spreche. Alle meine Reisen, von denen ich bis hierher erzählt habe, dienten mir bereits mehrfach dazu, mich von der Masse abzuheben. Die Fotos zeigten stets lachende Menschen und schöne Landschaften, ab und zu ein schockierendes Bild von Armut oder Umweltverschmutzung. Wenn ich von schwierigen Erlebnissen sprach, dann stets nur, um sie mit einer lässigen Handbewegung im nächsten Moment wegzuwischen: »War alles halb so wild, ich bin von meinen Reisen viel gewohnt.« Dabei zeigen Geschichten wie die unserer beiden VW-Bus-Fiaskos im Rückblick, dass das Scheitern mindestens genauso bereichernd sein kann wie eine Wanderung durch wunderschöne Landschaften oder das mystische Aufeinandertreffen mit einer anderen Kultur.

Wir brauchen uns nur selbst zu fragen: Welche Geschichte möchten wir von anderen nach ihrer Reise hören? Wollen wir sie um ihr vermeintlich perfektes Urlaubsabenteuer beneiden oder wollen wir gemeinsam über Schiefgelaufenes lachen? Welche Fotos wollen wir uns lieber ansehen: Bilder von saftig grünen Wiesen, die in der Google-Bildersuche tausendfach gefunden werden können, oder jene von verzweifelten Gestalten im Regen, neben ihren alten Rostlauben, die uns nur mit etwas Überwindung präsentiert werden? Wer seine Irrtümer nicht zugibt, kann niemals aus ihnen lernen.

GRENZGÄNGER

Ein letztes Mal vor unserer Heimreise werden wir heute eine Grenze überqueren. Nachdem die bisherigen Grenzkontrollen uns meist viele Nerven gekostet haben, hoffe ich nun auf eine entspanntere Situation. Es gibt keine Probleme mit meiner Aufenthaltsdauer oder sonstigen Themen, sowohl in Ecuador als auch in unserem Zielland Kolumbien sind Tom und ich stinknormale Rucksacktouristen. Ein Bus bringt uns zum Grenzort, von wo aus wir ein Taxi zum Grenzposten nehmen müssen. Eine junge Frau mit bunten Haaren und Rucksack spricht uns in amerikanischem Englisch an, ob wir uns ein Taxi teilen wollen. »Sure, why not!« Sie stellt sich als Katie vor. Sie hoffe, dass die Grenzkontrolle nicht allzu lange dauern würde, sagt sie, sobald wir im Taxi sitzen. Ein Freund von ihr musste vor einigen Wochen bei der Einreise nach Ecuador fünf Stunden warten. Wir beruhigen sie gelassen, immerhin haben wir schon viele Grenzposten erlebt und überstanden. Trotz aller Probleme mussten wir noch nie so lange warten. Wir erreichen das Gebäude der ecuadorianischen Grenzkontrolle, wo wir uns einen Ausreisestempel holen müssen. Aus der Eingangstüre ragt bereits die Schlange der wartenden Menschen heraus. Wir werden uns also sehr wohl etwas gedulden müssen – vielleicht eine Stunde, schätzen wir, während wir mit unseren Rucksäcken auf die Schlange zusteuern. Doch dann bemerken wir, dass die Menschenschlange eine Kurve macht und sich auf der Rückseite des Grenzpostens fortsetzt. Leicht ungläubig lachend folgen wir den fein säuberlich aufgereihten Personen, immer weiter, bis wir plötzlich wieder auf der Vorderseite des viereckigen Gebäudes ankommen und uns am Ende der Schlange einreihen können. Ich reiße die Augen auf, lasse meinen Rucksack fallen und setze mich darauf. »I think you were right, Katie«, ist alles, was ich sagen kann. Es ist siebzehn Uhr, etwa tausend Menschen stehen vor uns. Tom fragt bei einigen Wachposten nach, ob wir für den *Aus*reisestempel auch wirklich hier anstehen müssten. Er bekommt widersprüchliche Antworten, jedenfalls aber keine Alternative angeboten. Also warten wir wie alle anderen weiter. Einige unserer Leidensgenossen sind ebenfalls Backpacker. Manche kommen aus Chile oder Argentinien, die meisten aus Europa oder Nordamerika. Die meisten Menschen aber sind geflüchtete Venezolaner, die nicht in unsere Richtung unterwegs sind, sondern in die entgegengesetzte: Sie wollen nach Ecuador einreisen, nachdem ihr Visum in Kolumbien abgelaufen ist. Mir wird schmerzhaft bewusst, wie viele Menschen hier nicht sicher sein können, ob sie nach stundenlangem Warten überhaupt ins Land gelassen werden. Für sie ist dieser Grenzübergang die einzige Chance auf ein annähernd normales Leben, während er für mich nur ein lästiges Hindernis auf meiner Unterhaltungsfahrt darstellt. Der Grenzposten hat sich ganz offensichtlich zu einem florierenden Geschäftsort entwickelt, seit hier täglich so viele Menschen warten: Essen und Getränke werden verkauft, an den Toiletten wird Eintritt verlangt. Katie, Tom und ich stehen im Schichtbetrieb mit den Rucksäcken Schlange, so kann jeder seine Bedürfnisse befriedigen oder sich einfach mal umsehen. Ich werfe einen Blick in das Innere des zugigen, heruntergekommenen Gebäudes, das wir offiziell wohl erst in ein paar Stunden erreichen werden. An den Wänden stapelt sich Reisegepäck. Menschen sitzen darauf, hier und da liegt auch ein Kind in eine Decke gewickelt auf den Koffern und schläft. Ich wundere mich, dass sich niemand beschwert. Alle akzeptieren stillschweigend die Situation.

In der gemeinsamen Wartezeit erfahre ich mehr über Katie. Sie kommt aus dem Staat New York und unterrichtet momentan Englisch an einer Schule in Kolumbien. In den USA ist sie Aushilfslehrerin und Kellnerin, arbeitet aber dort immer nur so lange, bis sie genügend Geld gespart hat, um wieder auf Reisen zu gehen. Sie erzählt mir von ihren Rucksackreisen durch Zentralamerika und Südostasien. Innerlich habe ich auch sie bereits wieder in eine Schublade gesteckt. Ich wundere mich erneut über die weitverbreitete Reisesucht. Warum wollen wir nicht gerne zu Hause sein? Laufen wir vor etwas davon? Fühlen wir uns auf Reisen reicher? Klüger? Freier? All diese Fragen stelle ich nicht, dafür: Wie lange sie denn in Kolumbien bleiben will? So lange wie möglich, sagt sie. Zum ersten Mal bleibt sie jetzt auf einer Reise länger an einem Ort, und das gefällt ihr. Sie mag ihre Arbeit und die Stadt, in der sie lebt. »You know, many people think life is good in the US. But it's tough, believe me. A lot tougher than in South America.« Katie hat mit gesenktem Blick gesprochen, jetzt sieht sie mich mit glänzenden Augen an. Mich beschleicht das Gefühl, dass diese junge Frau wirklich vor etwas davongelaufen ist. Sie ist genauso auf der Flucht wie die Venezolaner rund um uns und ich habe kein Recht zu entscheiden, wessen Gründe die besseren sind. Auch Katie ist auf der Suche nach einem neuen Zuhause, wo sie von vorne anfangen kann. Wer davonläuft, erscheint vielleicht feige. Doch wer neu anfängt, ist unglaublich mutig. Was entscheidet darüber, ob eine Reise das eine, das andere oder beides ist?

Nach ganzen sieben Stunden Wartezeit starre ich ungläubig auf den ecuadorianischen Ausreisestempel in meinem Pass und weiß nicht, ob ich mich darüber ärgern oder freuen soll, dass ich am Ende keine dreißig Sekunden mit der Grenzbeamtin zu tun hatte. Es hat inzwischen zu regnen begonnen, es ist ein Uhr früh. Zu Fuß stapfen wir drei im Regen über die Grenzbrücke nach Kolumbien und holen uns binnen kürzester Zeit den Einreisestempel. Ein einsam wartender Taxifahrer lässt sich um diese Uhrzeit teuer dafür bezahlen, dass er uns zum nächsten Busbahnhof bringt. Wir erzählen ihm, dass sehr viele Venezolaner an der Grenze zu Ecuador stehen, woraufhin er nur deutlich macht, dass er froh ist, wenn die ganzen Ausländer nicht in Kolumbien bleiben. Dafür preist er sogleich das kolumbianische Kokain an: »Lo mejor del mundo!« – Das Beste der Welt. Nach unserer Verabschiedung am Busbahnhof ruft er uns noch »Bienvenidos en Colombia!« nach. Was für ein Empfang. Wir haben Glück, der richtige Bus fährt in wenigen Minuten ab. Wir werden zwei Stunden früher als Katie aussteigen, in einer kleinen, kaum bekannten Stadt, die laut *Lonely Planet* wenig zu bieten hat. Genau das Richtige für uns! Als der Bus in den frühen Morgenstunden an unserem Ziel hält, schläft Katie noch. Ich wecke sie nicht, sondern wünsche ihr zum Abschied lautlos, dass sie noch lange in Kolumbien bleiben wird, ohne wieder ihren Rucksack packen zu wollen.

COLUMBIA

Die kleine, untouristische Stadt ist uns sofort sympathisch. Niemand wartet hier auf Touristen, um ihnen etwas anzudrehen. Wir müssen richtig suchen, um ein kleines Hostel zu finden. Dort treffen wir natürlich ein paar weitere Backpacker an, doch die Anzahl ist überschaubar. Im Hostel werden auch Touren angeboten, vor allem in die umliegende Gegend, zu Vulkanen, Kunstmärkten und Thermalbädern – mal ganz was Neues. Wir bleiben lieber zuerst einmal im Ort, schlendern ziellos durch die Gassen und versuchen erste alltägliche Besonderheiten dieses neuen Landes zu erkennen. Sprechen die Kolumbianer anders? Ziehen sich die Menschen anders an? Was wird zu Essen angeboten? Ist die Natur irgendwie verändert im Vergleich zu Ecuador oder Peru? Einmal gehen wir zum Busbahnhof und setzen uns in einen Linienbus, der uns durch eine unglaublich üppige, grüne Landschaft fährt. Wir haben kein konkretes Ziel, steigen bei der Endstation aus und wandern ein bisschen durch die Hügel hinauf, verlaufen uns ein wenig, stehen plötzlich auf dem Bohnenacker eines Bauern. Seine Frau lotst uns freundlich wieder heraus. Wir verfolgen eine Ameisenstraße bis zu ihrem Bau und bewundern riesige Bäume. Endlich haben wir es geschafft, so richtig zu entschleunigen. Der Zwang, etwas Besonderes sehen zu müssen, ist weg. Bei der nächsten Bushaltestelle unterhalten wir uns mit einer Frau, die frische Erdbeeren mit Sahne verkauft. Auf der Rückfahrt wird der Bus angehalten, zwei Polizisten kontrollieren mehrere größere Gepäckstücke. Sie haben einen Drogenspürhund dabei und kontrollieren auch die Ausweise der Passagiere. Wir suchen unsere Dokumente, doch der eine Polizist winkt ab. Touristen stehen, im Gegensatz zu den Einheimischen, nicht unter Generalverdacht. Sonderlich großes Interesse daran, etwas zu finden, scheinen die Herren allerdings nicht zu haben – eine reine Routinekontrolle, die nach wenigen Minuten erledigt ist.

Am Abend spielen Tom und ich im Hostel Karten. Am Nebentisch teilt sich eine Gruppe englischsprachiger Reisender eine Flasche Rum, dazu gibt es Cola. Sie laden uns auf ein Glas ein, was wir gerne annehmen, auch wenn ich eigentlich gar keine Lust auf die üblichen Gesprächsthemen habe. Tom ist zum Glück etwas motivierter als ich und übernimmt daher das Erzählen des »Woher, wohin, wie lang«. Wir bemerken, dass die Gruppe bunt zusammengewürfelt ist: Zwei junge Arbeiter aus der Schweiz, die kein Wort Spanisch sprechen, zwei junge Frauen aus den Niederlanden mit mittelmäßigen Sprachkenntnissen, ein ungefähr sechzigjähriger US-Amerikaner sowie ein Brite mittleren Alters sitzen uns gegenüber. Da werde sogar ich neugierig und frage bei den Schweizern nach: »Wie kommt's, dass ihr alle gemeinsam reist?« Das Reisekonzept, von dem sie mir daraufhin erzählen, ist mir völlig neu. Sie alle haben eine Reise mit einem großen Bus gebucht, der von Alaska bis nach Feuerland, im Süden Argentiniens, fährt. Der Bus hat Platz für bis zu fünfundzwanzig Reisende. Der Brite ist der Fahrer, ein Guide für alles Organisatorische ist ebenfalls dabei, er kommt aus Italien. Die Route und die Aufenthalte sind komplett durchgeplant. Interessierte können individuell Teilstrecken der Reise buchen und am gewünschten Ort zusteigen und wieder abreisen. Die aktuelle Gruppe besteht in ihrem Fall aus etwa zwölf Personen, die meisten von ihnen sind von Kolumbien bis Peru dabei. An jedem Tourstop werden Ausflugsmöglichkeiten angeboten, die sie nach Wahl dazubuchen können. Die Reisenden zahlen, müssen sich um nichts Organisatorisches kümmern und sind völlig frei. Nach den Erzählungen, die ich vernehme, bleibt genügend Zeit für gemeinsam durchfeierte Nächte. Ich bin erstmal baff und weiß nicht so recht, was ich von diesem Modell halten soll. Tom und ich haben jede Menge Fragen: »Passt euch denn die Reiseroute?« Die Niederländerinnen geben zu, dass sie es schade finden, dass Bogotá nicht auf dem Plan steht, ansonsten sei alles in Ordnung für sie. »Lernt ihr unterwegs denn Einheimische kennen?« Außer den gebuchten, lokalen Guides überhaupt nicht, gestehen sie. Den Schweizern ist das aber relativ egal, ohne Spanisch könnten sie sich sowieso nicht unterhalten. »Hattet ihr je an den Grenzübergängen Probleme?« Wir selbst haben uns immer noch nicht ganz von den sieben Stunden Wartezeit bei der ecuadorianischen Ausreise erholt. Auch das sei wunderbar geregelt, sie müssten nur kurz aussteigen, ihren Stempel holen und wieder einsteigen, die Papiere des Busses scheinen gut vorbereitet zu sein. »Welche Nummerntafel hat denn der Bus, welche Nationalität?«, will Tom wissen. Keiner kann es uns sagen. Obwohl sie seit drei Wochen unterwegs sind, hat noch nie jemand darauf geachtet. Jetzt ist Tom baff, er scheint sich nicht sicher zu sein, ob sie ihn auf den Arm nehmen. Doch es ist wahr, alle zucken aufrichtig mit den Schultern, einer der Schweizer kratzt sich verlegen am Kopf und lacht: »Muss ich morgen echt mal nachschauen.« Viel Zeit, sich zu langweilen, scheint der Gruppe nicht zu bleiben. Sie erzählen mir von verschiedenen Unternehmungen und Touren, doch die meisten Namen von Orten und Bergen haben sie bereits wieder vergessen. Ist das nicht ein klares Zeichen für eine unnötig überhastete Reise? Doch das Tempo ist anscheinend für die meisten das Positive an dieser Art zu reisen: Sie verlieren keine Zeit für Planungen oder Recherchen – im Gegensatz zu uns – und können einfach am Buffet der Möglichkeiten wählen. John, der US-Amerikaner, entpuppt sich als ein weiterer dauerreisender Pensionist in unserer Sammlung an Begegnungen. Er hat bereits über hundert Länder bereist und war bis vor wenigen Jahren immer »independent traveller«, wie er stolz erwähnt. Doch jetzt schwärmt er von der Bequemlichkeit der Busreise, die nicht seine erste ist. Auch gruppendynamisch sei es immer sehr interessant und jedes Mal anders, bemerkt er. Man lerne die Menschen besser kennen und das finde er schön. Die anderen stimmen ihm zu. Auf mich wirkt die ganze Sache wie ein verkürzter Erasmus-Austausch für jene, die diese Möglichkeit nie gehabt haben. So gesehen eine gute Sache, jeder Austausch ist schließlich horizonterweiternd und die Gruppenreise bestimmt auch oft eine Herausforderung. Ich erinnere mich, dass auch mein Vater bei einer zweiwöchigen Busreise durch Alaska mitgefahren ist, wobei hier alle sogar im Bus geschlafen haben. »Irgendwann willst du die Gesichter von manchen einfach nicht mehr sehen«, schrieb er mir damals per E-Mail. Ob diese Gruppe sich tatsächlich so gut versteht, wie sie uns gegenüber vorgeben? Immerhin ist nur ein Teil der Mitreisenden gerade anwesend. Mir bleibt noch die Frage, die sich am Ende solcher Gespräche inzwischen fast immer stellt: Warum Kolumbien? Warum muss es denn gleich so weit weg sein? Eine internationale Gruppenerfahrung wäre mit einer Busreise durch Spanien oder Slowenien genauso möglich. Vor allem die beiden Burschen aus der Schweiz scheint es aus ähnlichen Gründen nach Kolumbien gezogen zu haben wie unzählige andere Reisende momentan auf der ganzen Welt: Die Netflix-Serie *Narcos* hat dem berüchtigsten Drogenbaron der Geschichte, Pablo Escobar, viele neue Fans beschert und das kolumbianische Friedensabkommen mit den Rebellen der FARC hat das Land vor Kurzem zu einem sicheren Reiseziel gemacht. Seither wird das Land von Touristen überrannt. Alle, die wir treffen, waren bereits in der Stadt, von der aus Pablo Escobar sein Drogenimperium geleitet hat. Auch die Gruppe hat eine der dort angebotenen Escobar-Führungen mitgemacht und die Schweizer zeigen ganz stolz ihre Poser-Fotos am Grab des Narco-Chefs. In diesem Moment entscheide ich, dass wir diese Stadt auf unserer Route auslassen werden.

Am nächsten Tag entdeckt Tom zufällig eine kleine Ausstellung in einem alten Gebäude in der Innenstadt und wir schauen uns dort um. Die Ausstellung zeigt Beispiele von kolumbianischer Tourismuswerbung aus den Achtziger- und Neunzigerjahren. Kitschige Sandstrände, Männer mit Schnurrbart, Poncho und Sombrero. Direkt daneben hängen Bilder von großen Minen, die wohl weniger geeignet wären, um Touristen anzulocken. Die Künstler kritisieren ganz deutlich, dass das Land sowohl seine besten Rohstoffe als auch seine schönsten Orte an den Westen verkauft hat. Inmitten der Ausstellung hängt eine riesige kolumbianische Fahne, drei horizontale Streifen: zuerst ein breiterer Streifen in Gelb, dann zwei schmalere in Blau und Rot. Darauf steht riesengroß im leicht erkennbaren Stil des Coca-Cola-Schriftzugs »Columbia«. Auch wenn es heute eigentlich »Colombia« heißt, so steckt noch ganz schön viel von Kolumbus und Kolonialisierung in der Art, wie hier heute die westliche Gesellschaft »einmarschiert«, um sich das Beste zu holen.

BIG CITY LIFE

Unsere nächste Busfahrt führt uns zum letzten Mal in eine Großstadt: Bogotá. Eigentlich habe ich vom City-Sightseeing längst genug. Wenn der Kulturschock heute dank der Globalisierung grundsätzlich schwerer zu finden ist als früher, so versteckt er sich in der Großstadt am allermeisten. So positiv vieles ist, was Städte hervorbringen und wofür sie Platz bieten: Auf Reisen liefern sie die geringste interkulturelle Herausforderung, oder zumindest die meisten Möglichkeiten, einer fremden Kultur auszuweichen.

Früher waren Städte für mich das Nonplusultra des Reisens. Ich wuchs in einem kleinen Dorf in Vorarlberg auf. Als ich etwa zehn Jahre alt war, begann diese Gegend mich sehr zu langweilen. Weit und breit gab es keine interessante erreichbare Großstadt, nur die mir verhassten Berge und einen See, der die restliche Umgebung ein wenig aufwertete. Als ich zwölf Jahre alt war, fuhren meine Eltern mit mir für eine Woche nach Wien. Das war wie eine Erleuchtung. Binnen kürzester Zeit konnte ich das komplette U-Bahn-Netz auswendig wiedergeben. Ich liebte die Ringstraße, die prächtigen Bauten, die Straßenbahnen, die geschäftige Mariahilfer Straße, den zwielichtigen Gürtel mit den tagsüber unbeleuchteten Peepshow-Aufschriften, die Vielfalt an Menschen unterschiedlicher Hautfarbe und vor allem: die allgegenwärtige Kunst. Straßenkunst, Museen, Bühnen, überall Spektakel. Noch auf der Heimreise schwor ich mir: Sobald ich die Schule abgeschlossen habe, gehöre ich dorthin. Und danach am besten London oder Tokio. Je größer die Stadt, desto mehr faszinierte sie mich. Mein Vater erfüllte mir einen großen Traum, als er mir zum Schulabschluss eine gemeinsame Reise nach New York schenkte. Mit nur achtzehn Jahren flanierte ich über den Broadway, erklärte meinem Vater die Speisekarten in den Diners, erklärte ihm die Kunstwerke im Musem of Modern Art, lotste ihn durch den Großstadtdschungel. Er war sehr stolz auf sein kluges Töchterchen. Und ich war dankbar, dass er alles bezahlte. In den folgenden Jahren, während ich in Wien immer mehr der Reichweite meines Vaters entglitt, lud er mich regelmäßig zu Städtereisen ein, um Vater-Tochter-Qualitytime zu verbringen. Für mich waren es willkommene Gelegenheiten, um Rom, London, Barcelona und andere aufregende Orte kennenzulernen. Doch je mehr Städte ich sah, desto weniger interessierten sie mich. Die früher aufregende Diversität und Unkontrollierbarkeit wurde für mich immer mehr zu einer vorhersehbaren Ansammlung der immer gleichen Merkmale: Schnelligkeit, Freizügigkeit, Modernität und Reichtum. Die meisten Städte scheinen austauschbare Kopien von New York oder Amsterdam geworden zu sein. Genau so fühlt sich Bogotá für mich an, als wir ankommen. Die berechtigte Frage lautet: Warum sind wir überhaupt hier, wenn ich schon vorher wusste, dass mich diese kosmopolitische Umgebung gar nicht mehr interessiert? Die Wahrheit ist: Auch ich profitiere von unserer globalisierten Welt und nutze hier die Chance, an einem weltweiten Aufnahmetest für eine Job-Ausschreibung der Europäischen Union teilzunehmen. Tom zieht mich damit schon die ganze Zeit auf, denn: »Wenn du bei der EU arbeitest, kannst du deine Anti-Flug-Vorsätze gleich vergessen!« Darüber will ich jetzt vorerst noch nicht nachdenken.

Um uns mehr interkulturelle Herausforderung zu verschaffen, haben wir uns entschieden, in Bogotá mal wieder eine private Unterkunft über Couchsurfing zu finden. Der einunddreißigjährige Andres hat uns auf unsere Anfrage hin zu sich eingeladen. Er ist nett, gut gelaunt und gesprächig, als wir ankommen. Unser gewünschter Kulturschock beginnt bereits, als wir realisieren, dass er eigentlich kaum Platz für uns hat, aber wohl aus Höflichkeit unsere Anfrage nicht ablehnen wollte. Andres lebt gemeinsam mit seiner Tante, deren Tochter und einem etwas verschrobenen Tschechen in einem einzigen großen Zimmer über der Hautklinik, die seine Tante leitet. Er gedenkt, auch uns in diesem Zimmer unterzubringen, bis seine Tante die glorreiche Idee hat, eine der Arztpraxen für uns umzuräumen und dort zwei Luftmatratzen auszubreiten. Während sich die Tante beim Umbau partout nicht helfen lassen will, erzählt Andres uns von sich. Bis vor Kurzem hat er für eine Ölfirma gearbeitet, doch seit einem Jahr ist er Umweltaktivist und hat deshalb auch seinen Job gekündigt. Er ernährt sich vegan, engagiert sich für Tierschutz und mehr Radwege in der Stadt. Er hält sich mit kleinen IT-Auftragsarbeiten über Wasser. Sobald er genügend Geld gespart hat, will er mit dem Fahrrad durch Südamerika reisen. Er möchte gute Bewertungen auf der Couchsurfing-Plattform sammeln, um dann selbst immer couchsurfen zu können. Ich muss schmunzeln – seine Geschichte ist ebenso globalisiert und modern wie die Stadt selbst, in der wir uns befinden. Bald darauf verschwindet Andres, um seine Freundin zu treffen. Für gemeinsame Stadttouren hat er keine Zeit, was Tom und mir ganz recht ist. Das erspart uns Erklärungen, weshalb wir uns für die üblichen Sehenswürdigkeiten nicht interessieren. Lieber tingeln wir planlos durch die Stadt. In einem Buchladen stöbern wir nach Büchern über die Geschichte und Politik

Kolumbiens. Ich kann mir einen Abstecher in die Reiseführer-Abteilung nicht verkneifen und hole Tom lachend dazu, als ich einen *Lonely Planet* über Österreich finde. Liest sich der Reiseführer, den wir bis zuletzt selbst verwendet haben, genauso absurd für die Einheimischen hier? Oje, dann haben wir wirklich gar nichts Authentisches von diesen Orten gesehen. Unser Spaziergang führt uns zufällig ins hippe Studentenviertel. Bogotá fühlt sich sehr europäisch an. Ich verspüre kein Bedürfnis, lange hier zu bleiben. Am Abend vor unserer Abreise bringen wir Bier und Wein mit, um mit unseren Gastgebern einen netten Abschied zu feiern. Bei dieser Gelegenheit erfahren wir mehr über die Hintergründe der etwas merkwürdigen Wohnsituation von Andres' Familie. Seine Tante ist erst seit wenigen Monaten Witwe. Wir erfahren, dass das Zimmer, in dem wir schlafen, früher die Praxis ihres Ehemannes war. Sie wohnten früher alle gemeinsam in einem großen Haus, das die Tante nun an die Kinder aus der ersten Ehe ihres Mannes verloren hat. Während der Mann krank war und im Sterben lag, überließ sie ihren Mitarbeitern in der Hautklinik die Aufsicht, was diese ausnutzten, um viel Geld zu unterschlagen. Nun versucht sie, finanziell wieder auf die Beine zu kommen. Bis dahin müssen sich alle das eine Zimmer teilen. Von Andres' Eltern ist nie die Rede, wir erfahren nichts über sie. Hier habe ich ihn also, den Kulturschock, den ich erleben wollte: Leider taucht er immer wieder in Form von gescheiterten Lebensentwürfen auf, in ungerechten Besitzverhältnissen und ungeregelten Situationen, in denen gutgläubige Menschen ihre Rechte nicht einfordern können. Je weniger jemand hat, um es zu teilen, desto bereitwilliger teilt diese Person dieses Wenige jedoch. Ich bin beschämt und dankbar, dass ich hier übernachten darf, obwohl ich es mir jederzeit leisten könnte, in ein Hotel zu gehen.

Nach dem zweiten Glas Wein finde ich den Mut, der Frage auf den Grund zu gehen, die mich seit zwei Tagen beschäftigt und für die ich bisher in keinster Weise eine logische Erklärung gefunden habe: Was macht eigentlich der schweigsame Tscheche hier? Warum teilt diese vom Schicksal gebeutelte Familie noch dazu seit inzwischen zwei Wochen ihr einziges Schlafzimmer mit diesem Mann? Maslow, so der Name des großen, hageren Mannes mit der Hakennase, hat bisher schweigend wie immer zugehört. Doch der Wein macht ihn gesprächig, und so beantwortet er meine Fragen nach und nach immer ausführlicher. Vor vierzehn Jahren hat Maslow die Tschechische Republik verlassen, mit Mitte zwanzig, weil ihm die Politik seines Heimatlandes zu widerwärtig wurde. Auf der Suche nach anarchistischen Gruppierungen verschlug es ihn nach Spanien, wo er mehrere Jahre in einer alternativen Kommune lebte. Dort lernte er die vegane Ernährungsweise kennen, den Eigenanbau von Lebensmitteln und von Marihuana. Er erzählt von den chaotischen Versuchen, in der Gruppe eine neue Form des Zusammenlebens zu organisieren. Vor inzwischen sechs Jahren zog es ihn dann nach Südamerika, um zu reisen, neues Wissen zu erwerben und andere Gemeinschaften kennenzulernen. Seither hat er den Kontinent nicht mehr verlassen und hat es auch weiterhin nicht vor. Der überzeugte Anarchist hat kein Geld aus Europa mitgebracht. Seiner Ansicht nach wäre das bereits Kolonialismus. Er wollte sich von Anfang an seinen Lebensunterhalt nach den Maßstäben erarbeiten, die vor Ort herrschen. Ich fühle mich ertappt. Als europäische »Remote Workerin« konnte ich in Peru locker von zehn Arbeitsstunden pro Woche leben. Maslow hat Gärten und Äcker gepflegt und bepflanzt, beim Bau von Häusern geholfen, praktisch jede Arbeit gemacht, die ihm angeboten wurde. Dadurch ist er immer eine Weile an einem

Ort geblieben und hat sich billige, dauerhafte Unterkünfte gesucht, sich manchmal um leerstehende Häuser und deren Gärten gekümmert. Er erzählt, dass er sich als Gringo bei den Einheimischen meist dadurch Respekt verschaffen konnte, dass sie ihn hart arbeiten sahen, mindestens so hart wie sie selbst. Beim Anblick des sehr dünnen, sehnig-muskulösen Zweimetermannes kann ich mir das gut vorstellen. Blass, mit millimeterkurz geschorenen Haaren und unauffälliger, zerschlissener Kleidung überragte er all seine südamerikanischen Arbeitskollegen vermutlich um zwei Köpfe und arbeitete stets ungerührt und ohne Unterbrechung, das faltendurchzogene Gesicht mit dem etwas vorstehenden Unterkiefer tief über die Arbeit gebeugt.
Eine Zeit lang hat er sogar *Artesanía*, Kunsthandwerk, gemacht und verkauft. Das Geschäft mit Schmuck aus Perlen und geknüpften Schnüren sei sehr hart, es gebe viel Konkurrenz und nur wenige würden etwas von ihren eigenen Fertigkeiten weitergeben. Er zeigt uns seine Finger, die vom vielen Bänderknüpfen richtig verbogen sind. Ich bin schwer beeindruckt und wage nicht, Maslow zu unterbrechen, auch wenn ich immer noch gerne wüsste, wie er in Bogotá bei dieser Familie gelandet ist. Er nippt am Wein und erzählt in seinem einwandfreien Spanisch fröhlich lächelnd weiter. Er besitze zwar einen tschechischen Pass, doch er weigere sich, ihn bei Grenzübergängen zu verwenden. Wie ich selbst hält er wenig vom Konzept des Reisepasses und der ständigen Kontrolle, wer sich denn wo befindet. Darum hat er sich kurzerhand eine Verlustmeldung für seinen Pass ausstellen lassen und zeigt nur diese her, wenn er eine Grenze erreicht. So vermeidet er, in staatlichen Systemen registriert oder in seiner Aufenthaltsdauer beschränkt zu werden. Ich bin begeistert von dieser Idee und kann doch nicht glauben, dass er so wirklich über jede südamerikanische Grenze gelangt ist. Maslow gibt zu,

dass ab und zu Schmiergeld nötig war, um die Beamten zu überzeugen. Seine Sicht der Dinge laute: »Wenn ein Staat mir Schwierigkeiten bereitet, dann bereite ich ihm auch Schwierigkeiten.« So begegnete ich also einem, der einfach herging und all das, was ich beim Reisen als gut und richtig empfand, in die Tat umsetzt, ungeachtet aller Konventionen und Gesetze. Wäre ich selbst in der Lage dazu? Bestimmt nicht, dafür fehlen mir die Radikalität und der Mut. Ich stelle Maslow meine Eingangsfrage erneut: »Warum bist du jetzt hier, in diesem Haus in Bogotá?« Er kichert beschwipst, als er bemerkt, dass er völlig vergessen hat, das zu beantworten. Vor einigen Wochen habe er zugesagt, beim Aufbau einer neuen Kommune außerhalb der Stadt mitzuwirken und dort sein Pflanzenwissen einzubringen. Doch die Initiatoren des Projekts konnten das ausgewählte Grundstück nicht wie geplant bezahlen und so stehe alles seit nunmehr zwei Wochen still. Über gemeinsame Bekannte lernte er Andres kennen und kam bei ihm unter. Gewohnt arbeitsam kümmert er sich hier um den Garten der Tante und baut für sie Marihuana-Pflanzen an, die sie für dermatologische Cremen verwendet. Die beiden wollen uns nichts von diesen Rezepten verraten. Maslow zeigt seine unternehmerische Seite, als er anmerkt, dass er gelernt hat, sein wertvolles Wissen für sich zu behalten.

Noch am nächsten Tag, nachdem wir uns bereits von der kauzigen Familie verabschiedet haben, denke ich lange über diesen Mann und seine Einstellung zum Leben nach. Als wir beim letzten gemeinsamen Frühstück über europäische Politik sprachen, wollte er von uns wissen, ob es denn stimme, was in den Nachrichten behauptet wird: Europa werde extrem von Flüchtlingen überflutet, Frauen könnten deshalb nicht mehr alleine auf die Straße gehen. Zu meiner Überraschung versteht Maslow, der so anarchistisch und naturverbunden lebt, die Vorbehalte vieler Europäer gegen die Neuankömmlinge. In seiner Lebensphilosophie zählt nicht der Humanismus, sondern es zählen die Gesetze der Natur: Wer schwächer ist, wird gefressen, und wer sich nicht anpasst, wird ausgeschlossen. Das erklärt auch, weshalb er sich selbst vorbehaltlos und ohne Widerstand überall anpasst, wo er hinkommt. Damit trifft er bei mir, so wie bei den meisten gemäßigten Ökos, einen wunden Punkt. Wenn wir ehrlich sind, wissen wir nämlich, dass sich Humanismus und die Gesetze der Natur nicht miteinander vertragen, auch wenn wir unbedingt genau das erreichen wollen. Darum lautet die große Frage schlussendlich: Will ich die Natur vor dem Menschen schützen oder den Menschen vor der Natur?

KARIBIK

Mit dem Abschied aus Bogotá beenden wir, zumindest offiziell, unsere Forschungsreise. Ich brauche keine Kulturschocks mehr, alles, was ich von unseren letzten zwei Reisewochen haben will, ist Erholung. Darum setzen wir uns auch in den erstbesten Bus, der uns aus dem kalten Andenhochland an die karibische Küste bringt. Als uns beim Aussteigen die feucht-warme Luft entgegenschlägt, verbessert das Vitamin D der Sonnenstrahlen fast unmittelbar meine Laune. All die Überlegungen, die mich im Bus schon wieder überkommen haben – Wo wird es wohl am schönsten sein? Wie viel Zeit sollten wir wo verbringen? –, fallen sofort von mir ab. Ursprünglich hatten wir vor, gleich in den nächsten Bus zu springen, um weiterzufahren, doch plötzlich haben wir dazu keine Lust mehr. Das kleine Städtchen, in dem wir stranden, liegt nahe an einem bekannten Touristen-Hotspot, einem alten Fischerdorf, das dank zahlreicher Reiseempfehlungen inzwischen völlig kommerzialisiert wurde. Durch die Nähe zu diesem Ort ist unsere Destination fast touristenleer. Wir entdecken ein kleines Hostel mit Open-Air-Küche, Pool und Hängematten, wo wir uns abends Cuba Libre mixen und auf dem Balkon Salsa tanzen können. Alle Einheimischen, mit denen wir sprechen, fragen uns, warum wir nicht in das Fischerdorf oder in den berühmten nahe gelegenen Nationalpark fahren. Nichts läge uns in diesem Moment ferner, als erneut gemeinsam mit anderen Touristen die bekannten Plätze abzuklappern und schlimmstenfalls eine Tour buchen zu müssen, um die schönsten Flecken besichtigen zu dürfen. Die Zweisamkeit ist die beste Entdeckung, die Tom und ich in diesen Tagen machen. Zwei Tage später verlassen wir unsere Oase der Ruhe nur deshalb wieder, um einem alten Freund aus meiner Schulzeit einen Besuch abzustatten. Dank Facebook habe ich mitbekommen, dass Johannes inzwischen ein Hostel in der kolumbianischen Karibik führt und ich habe uns für einen Besuch bei ihm angekündigt. Das Küstenstädtchen, in dem sich sein Hostel befindet, ist laut den Kolumbianern, mit denen wir sprechen, touristisch völlig uninteressant. Ich bin neugierig auf das Wiedersehen mit Johannes und zu erfahren, was ihn überhaupt hierhergeführt hat. Den Grund werde ich nur zu gut nachvollziehen können: die Liebe.

* * *

Als Tom und ich nach einer mehrstündigen Busreise im Hostel von Johannes und seiner Freundin Kati ankommen, sind die beiden gerade nicht da. Wir checken also erst mal ein und sehen uns um. Die Herberge ist bis auf den letzten Platz ausgebucht. Der Erfolg ist trotz Nebensaison nicht verwunderlich, denn das Hostel ist ein Hipster- und Backpackerparadies wie aus dem Lehrbuch. Vier starke Farben prägen alle Gemeinschaftsbereiche: türkis, orange, gelb und weiß. Bunte Hängematten, Sitzsäcke und die obligatorischen Upcycling-Möbel aus Holzpaletten und Kabeltrommeln dominieren das Bild. Handbemalte Holzschilder, mit Kordeln aufgehängt, sorgen für Orientierung, von »Beer« über dem Kühlschrank bis hin zu »Staff only« über dem Wäschebereich. Zwei Hauskatzen streunen herum. Die Aschenbecher im Innenhof sind aus gefalteten

Aludosen, von Volunteers produziert, die hier einen guten Teil der Arbeit übernehmen, um dafür freie Unterkunft zu erhalten. Alles ist hochmodern und sauber, die geräumige Küche, die Badezimmer, der mit Computern und Drucker ausgestattete »Coworking Space«. An den Wänden befinden sich Kreidetafeln mit wechselnden Infos, dem gelegentlichen Bespaßungsprogramm von Volunteers für die Gäste, Buspläne für die Weiterfahrt sowie einfach alles, was ein Reisender eventuell nachfragen könnte. Kommunikation praktisch überflüssig. So können dann auch während dem Frühstück alle entspannt an ihren Smartphones hängen, denn die Internetverbindung ist schnell, wie ich es in ganz Südamerika selten erlebt habe. Passwort: *Good Life*. Kein weiterer Kommentar notwendig. Die Gäste kommen, bis auf eine Gruppe von Chilenen in bester Feierlaune, durchwegs aus Europa, Nordamerika oder Australien. Das Geschäft brummt. Ich vermisse ein wenig das chaotisch-sympathische, südamerikanische Flair. Man merkt, dass hier ein Europäer am Werk war. Als Johannes und Kati uns abends in ihrem Hostel begrüßen, wird es ein freudiges Wiedersehen und Kennenlernen. Seit Johannes und ich die Schule gemeinsam abgeschlossen haben, hatten wir kaum noch Kontakt, doch wir verstehen uns auf Anhieb wieder. Es gibt viel zu erzählen und so sind wir alle vier stundenlang bei ein paar Bier ins Gespräch vertieft. Kati und Johannes haben sich während eines Sprachschulaufenthalts in England kennengelernt. Nach einigen Jahren der Fernbeziehung zog Johannes nach Kolumbien. Die bildhübsche Kati stammt aus einer wohlhabenden kolumbianischen Familie. Ihr Vater ist Architekt und konnte seine Kinder nach Europa schicken, um zu studieren. Kati hat Tourismusmanagement studiert, Johannes Wirtschaft, und mit dem Immobilienbesitz ihrer Familie bot es sich an, ein Hostel zu eröffnen. Der Kolumbien-Reisetrend kam entweder zur richtigen Zeit oder die beiden hatten einfach den richtigen Riecher für ein gutes Geschäft: Als eines der ersten Hostels in der kleinen Stadt abseits der gängigen Touristen-Hotspots gehörten sie vor zwei Jahren zu den Pionieren der Region, die heute immer mehr Reisende anzieht. Auch wenn ich das unternehmerische Denken der beiden nicht unbedingt teile und Tourismus offenkundig kritisch sehe, bin ich beeindruckt, mit welcher Selbstverständlichkeit sie von Mitarbeiterführung und Expansionen sprechen. Gleichzeitig merke ich, wie glücklich Johannes ist, wieder einmal mit jemandem »von zu Hause« zu sprechen und auch die kulturellen Eigenheiten der Kolumbianer zu analysieren. Er erzählt uns viel über die Ärgernisse, mit denen ihr Geschäft verbunden ist: Einbrüche, Versicherungsfälle, unzuverlässige Volunteers, unangenehme Gäste, kolumbianische Bürokratie. Dass er als Gringo nicht Alleineigentümer der Hostels ist, erspart ihm bestimmt so manches Hindernis, das ihm sonst zusätzlich in den Weg gelegt werden würde. Ich merke schnell: Das, was auf seiner Facebook-Seite wie die Erfüllung eines perfekten Lebenstraums aussieht, ist in Wahrheit vor allem jede Menge Arbeit. Johannes lässt sich nicht nur auf die Sonnenseiten dieses Landes ein, sondern auch auf all die Probleme, die es mit sich bringt, sich an einem völlig neuen Ort ein Leben aufzubauen. Als wir am nächsten Tag wieder mit Kati und Johannes zusammensitzen, fällt mir auf, dass die beiden kaum eine ruhige Minute haben, ständig Fragen ihres Teams beantworten, Entscheidungen treffen, mithelfen, sobald sie irgendwo Arbeit sehen, und sichtlich immer den Gedanken im Hinterkopf haben: »Was gehört noch erledigt?« Trotzdem scheint ihnen das alles Spaß zu machen. Als abends einige Backpacker im Innenhof des Hauses zusammensitzen und nach ein paar Drinks immer gesprächiger werden, wird Johannes auch für einen Gast gehalten und bekommt die Fragen gestellt, die mir selbst schon so furchtbar auf die Nerven gehen: »Where are you from? How long are you travelling? Where have you been to already? What are you doing?« Er weicht den Fragen geschickt mit ein paar Phrasen aus und stellt die perfekte Gegenfrage: »And you, what's your story?« Dann lässt er sein schon etwas betrunkenes Gegenüber einfach mal zehn Minuten labern. Sofort notiere ich mir gedanklich diesen Kunstgriff. Dann mache ich, selbst nicht mehr ganz nüchtern, den Fehler und erwähne in der Runde, dass Johannes der Boss des Hostels ist. Das führt natürlich zu unzähligen weiteren Fragen, die er nun beantworten muss. Als es schon merklich spät ist und der Lärmpegel direkt neben den Zimmern schlafender Gäste eindeutig zu hoch wird, dreht Johannes die Musik ab und beginnt, Bierflaschen und Aschenbecher wegzuräumen. Ungläubig beobachte ich, wie sein Volunteer zeitgleich im Sessel an der Rezeption chillt und in sein Smartphone schaut. Nicht einmal mein Hinweis, dass seine Hilfe benötigt wird, bewegt ihn aus seiner Untätigkeit heraus. Ich frage Johannes, während wir aufräumen, ob er üblicherweise viel Zeit vor Ort im Hostel verbringt. Er bestätigt meinen Verdacht, dass er es wenn möglich inzwischen vermeidet. »Hier zu sein bedeutet immer Arbeit. Und die ewig gleichen Fragen und Geschichten der Leute öden mich wirklich schon an. Wenn ich nach meiner Geschichte gefragt werde, erfinde ich oft auch etwas, um es für mich interessanter zu machen – mal bin ich Volunteer, mal Reisender. Aber nicht nur meine Geschichten, auch die der Backpacker wiederholen sich permanent.« Obwohl mich das nicht wirklich überrascht, macht es mich nachdenklich. Alle, die ich auf meiner Reise getroffen habe, die noch vor einigen Jahrzehnten im Tourismus tätig waren, so wie Margit oder Jesús, haben so etwas nie über ihre Gäste gesagt. Ist unsere Generation einfältig und austauschbar geworden? Reproduziert sie nur noch bereits Erlebtes, weil es die besten Empfehlungen auf TripAdvisor hat? Ich fürchte, ja. Johannes erzählt mir, dass über neunzig Prozent ihrer Buchungen online getätigt werden. Zufälle werden mehr und mehr eliminiert, auf Reisen und im ganzen Leben.

* * *

Beim Frühstück sitzt mir gegenüber am weiß gestrichenen Holztisch ein großer, spindeldürrer, hellhäutiger Typ mit blonden Locken, die ihm bis über die Schultern reichen. Seine Oberlippe ziert der flaumige Ansatz eines Moustaches. In Surfshorts und verwaschenem weißen T-Shirt mampft er fröhlich seine Pancakes und unterhält sich angeregt auf Englisch mit ein paar anderen Travellern, natürlich wieder: »Where are you from? How long are you travelling? Where have you been to already? What are you doing?« Sein Akzent und der Surfer-Look verraten ihn sehr schnell: Er kommt aus Australien. Als seine Gesprächspartner sich verabschieden, zieht er ein Buch aus seiner Tasche und beginnt, darin zu lesen. Neugierig schiele ich auf den Titel: *»Yoga Mind, Body & Spirit – Moving Through Stillness«* Hoppla, habe ich ihn in die falsche Klischee-Schublade gesteckt? Aber okay, nur knapp daneben. Als er kurz den Blick vom Buch erhebt, um ein paar Dehnbewegungen zu machen, verwickle ich ihn in ein Gespräch. Mir ist heute danach, so richtig mit meinen Ansichten zu provozieren, und er wird mein Diskussionsopfer. Tom hat schon bemerkt, was ich vorhabe, und flüchtet sich schnell mit einem Buch in die nächste freie Hängematte. Der australische Yogi heißt Joel, ist tatsächlich Yoga-Lehrer und reist für ein paar Monate vor allem an der Ozeanküste entlang, Peru, Ecuador, Kolumbien, denn – Überraschung! – er ist natürlich auch zum Surfen hier. Momentan ist er ein wenig verzweifelt, erzählt er mir, denn er will in wenigen Wochen bereits in Panama bei einem großen Festival für Yoga und Spiritualität sein. Gleichzeitig realisiert er gerade, dass es hier in Kolumbien noch so vieles zu sehen gäbe. Er ist ratlos, welche Reiseziele er noch ansteuern und welche er auslassen soll. Ich muss lachen und erkläre ihm, dass wir Reisenden selbst schuld sind, wenn wir uns, arrogant wie wir sind, einbilden, in drei Monaten vier riesige Länder bereisen zu können. »I made the same mistake, you know.« Leicht irritiert blinzelt er mich an. Er hatte wohl eher eine klassische Antwort erwartet wie: »Ooooh, that sucks! I know what you mean, it's just so awesome everywhere! I wish we could travel forever, right?« Der gute Joel merkt langsam, dass dieses Gespräch ein wenig anders laufen wird als das übliche Hostel-Geplänkel. Als ich von den massiven Emissionen von Flugreisen zu sprechen beginne, nickt er eifrig: Klar, wir müssen die Natur schützen und so wenig fliegen wie möglich. Fliegen ist für ihn nur okay, wenn die Reise uns zu besseren Menschen macht. Jetzt sitzt er in der Falle. Ich erkläre, dass ich inzwischen zu dem Schluss gekommen bin, dass Reisen für unsere persönliche Weiterentwicklung gar nicht notwendig sind. Joel scheint zu glauben, er habe nicht richtig gehört, und fragt nach, ob ich das ernst meine. Als ich munter bejahe, widerspricht er mir sofort. Ich frage ihn also: »What can't you do at home what you can do when you travel?« Joel denkt nach und scheint keine Antwort zu finden. Dann beginnt er zögerlich einen Satz zu formulieren: »It's not that I can't do it, it's that I won't do it at home.« Ich lächle zufrieden. Wovon Joel spricht, ist der »Wald« aus Margits Zitat von der Suche Gottes. Er muss reisen, um sich anders verhalten zu können. Ich frage ihn, ob er denn hier im Alltag so viel mutiger sein muss als zu Hause in Australien. Ob er denn wirklich glaubt, bei seinem Yoga-Festival Menschen zu treffen, deren Meinungen und Einstellungen ihn herausfordern. Freimütig gibt er zu, dass das sehr unwahrscheinlich ist. Doch er will mir trotzdem beweisen, dass das Reisen unerlässlich ist. Den zweiten Versuch startet er mit einem Vergleich: »It's like, at home, I get offered one apple. But travelling, I get offered, like, seven apples!« Das bringt mich nur noch mehr zum Lachen. »So, usually, do you feel better after eating one apple, or after eating seven apples?« Sein Blick trifft mich mit einer Mischung aus Betretenheit und aufkeimender Wut. Wie kann diese freche Person es wagen, ihn als nimmersatten westlichen Touristen hinzustellen, wo er doch nur auf der Suche nach innerer Erleuchtung ist? Langsam beginnt er mir leid zu tun. Ich erzähle ihm, dass ich ja vor allem meinem eigenen Reisen gegenüber kritisch bin. Von mir aus kann er tun und lassen, was er will. Ich für meinen Teil habe jedenfalls beschlossen, ich beende das Thema und besteige nach meiner Rückkehr nach Europa für lange Zeit kein Flugzeug mehr. Während ich spreche, tritt Johannes zu uns an den Tisch. Er hat einen Teil unserer Diskussion mitbekommen und ist überrascht über meine Haltung. Offenbar bin ich erst die zweite Person, der er begegnet, die sich offen gegen Flugreisen ausspricht. »Beeinflusst dich das, wenn du darauf aufmerksam gemacht wirst?«, will ich wissen, denn jetzt gerade frage ich mich, ob ich Joel in irgendeiner Weise aufrütteln konnte oder ob er mich einfach bloß für eine selbstgerechte Spinnerin hält. »Nicht wirklich«, lacht Johannes. »Ich habe kein schlechtes Gewissen, wenn ich fliege.« Es ist seltsam, aber das schmälert meine Achtung vor Johannes keineswegs, im Gegenteil. Doch das liegt nicht so sehr daran, dass er sich seinen ökologischen Fußabdruck zugesteht. Viele Menschen fliegen ohne Gewissensbisse. Ihnen möchte ich am liebsten ihre Ignoranz gegenüber dem Klimawandel unter die Nase halten. Doch Johannes hat den schwierigen Weg gewählt, sich in einem völlig anderen Land ein Leben aufzubauen. Er schlägt sich mit all den interkulturellen Hürden herum, von denen die allermeisten Backpacker gar nichts mitbekommen. Dafür muss man wirklich seine Komfortzone verlassen und nicht nur so tun als ob, während jemand ein paar Fotos von dir macht. Damit hat er sich in meinen Augen irgendwie das Recht verdient, zwischen seiner neuen und seiner alten Heimat hin- und herzufliegen. Ich respektiere seine Haltung mehr als die von Reisenden, die Fliegen furchtbar finden und es trotzdem tun – so wie ich selbst.

MENSCHLICHE WÜSTE

Seit unser VW-Bus-Traum geplatzt ist, bekommt Tom immer wieder einen sehnsüchtigen Blick, wenn er Traveller mit Motorrädern sieht. »Das muss die ultimative Freiheit beim Reisen sein. So will ich auch einmal unterwegs sein!«, kommentiert er dann meistens und sieht mich erwartungsvoll an, hoffend, dass ich genauso enthusiastisch reagiere. Ich bemühe mich, mir nichts anmerken zu lassen, aber diese Idee ist mir wenig sympathisch. Mit dem Motorrad unterwegs zu sein, stelle ich mir wie die Kombination der größten Nachteile von Fahrrad- und Autoreisen vor: Wenn etwas kaputt ist, bedeutet das meist viel Ärger, und wenn es regnet, wirst du nass. Als Johannes uns anbietet, dass wir uns sein Motorrad für einige Tage ausleihen können, um einen Ausflug zu machen, ist Tom sofort Feuer und Flamme. In der Hoffnung, dass ein paar Tage Testfahrt ihn von seiner verklärten Vorstellung vom Motorradreisen abbringen werden, stimme auch ich zu. Johannes empfiehlt uns ein Kap, das wir in etwa drei Stunden erreichen können. Er beschreibt eine karge Landzunge, die in den Ozean ragt, ein kleines wüstenumgebenes Dorf, kaum Touristen, wunderschöne Dünenlandschaft und glitzerndes Wasser. Die windige Bucht sei bei Kitesurfern beliebt, aber außer zwei kleinen Kiteschulen gebe es für Traveller hier nichts zu sehen. Das klingt, als wäre es gerade einsam genug für uns. Also packen wir das Notwendigste in einen kleinen Rucksack und starten noch am selben Nachmittag los. Tom hat großen Spaß beim Fahren, ich sitze hinter ihm auf dem Bike und entspanne mich nach und nach. Trotzdem kontrolliere ich regelmäßig, wie schnell Tom fährt, und achte auf die Straßenschilder, damit wir die einzige wichtige Abbiegung nicht verpassen. Dann sehen wir auf einmal die venezolanische Grenze und bemerken, dass wir sie wohl trotzdem verpasst haben. Wir sind zwanzig Kilometer zu weit gefahren und kehren um. Die Landschaft wird immer karger, die Straße unbefestigter, unter der langärmeligen Kleidung schwitze ich furchtbar und mein Hintern schmerzt nach zwei Stunden Fahrt auf der holprigen Straße bereits ordentlich. Tom ist immer noch guter Dinge. Anstrengend wird das Fahren für ihn erst, als wir den letzten Abschnitt der Strecke nur noch auf einer wackligen Sandpiste dahinfahren. Sind wir hier überhaupt noch richtig? Da entdecke ich einige Kiteschirme in der Luft am Horizont und wir steuern zügig unser Ziel an. Als wir ankommen, sehen wir, dass Johannes recht hatte: Viele Kitsurfer tummeln sich im glitzernden Meerwasser, die wenigen Hütten, die das Dorf darstellen, sind heruntergekommen. Dennoch wirkt alles schon viel touristischer, als wir erwartet hatten. Kleine Restaurants, die gekochten Hummer und Fast Food anbieten, Hostels sowie Läden, die indigenes Kunsthandwerk verkaufen, reihen sich an der Hauptstraße aneinander. Die Preise gleichen jenen in der Stadt, die Fischer wollen ihren Fang den Touristen nicht persönlich verkaufen, denn für den Hummer auf dem Teller kann man mehr Geld verlangen. Als Tom in einem Hinterhof einen gut versteckten Laden entdeckt und dort Gemüse kauft, ist die Ware nicht nur schöner und billiger als jene an der Hauptstraße, die Verkäuferin ist auch sichtlich ungehalten, dass der Gringo zu ihr gefunden hat. Wir folgen Johannes' Empfehlung und übernachten in der

Strohhütte einer Kiteschule, die einem Deutschen gehört, der vor Jahren hier »hängen geblieben« ist. Einige Reisende, die wir treffen, kommen seit mehreren Jahren hierher und erzählen uns, dass vor gut zwei Jahren an diesem Kap noch fast gar kein Tourismus vorhanden war. Der Boom überrascht alle. Trotz des scheinbaren Aufschwungs sind die Einheimischen sichtlich genauso arm wie vor ein paar Jahren. Kinder betteln oder verkaufen Armbänder, sie gebärden sich dabei so forsch und erwachsen, dass man annehmen muss, sie haben sich ihre Sprüche und die lässige Körpersprache von den Eltern abgeschaut. Selbst Wasser ist hier ein Luxusgut. Zum Duschen befüllen wir einen Eimer am extra für die Kiteschule angelieferten Wassertank, die Toilette wird mit Meerwasser gespült. Seifenwasser und Toiletteninhalt versickern im Sand und damit im Meeresboden. Nachdem wir bisher unterwegs immer Leitungswasser mithilfe einer speziellen Flasche gefiltert haben, müssen auch wir hier das einzig verfügbare Trinkwasser, abgefüllt von der Coca-Cola Company, kaufen. Das alles macht mich wie immer wütend. Trinkwasser ist ein Menschenrecht, und doch haben so viele keinen Zugang dazu. Die nahe gelegene Wasseraufbereitungsanlage, die man auf einem Hügel hinter dem Dorf erkennen kann, liegt brach, erfahre ich. Warum? »Corruptos, los políticos.« Die Antwort kommt mir bekannt vor. Diejenigen, die hier mit dem Tourismus wirklich Geld verdienen, sind ein paar wenige, die bereits Startkapital oder Englischkenntnisse mitbrachten. Zu ihnen gehört der deutsche Besitzer der Kiteschule. Den Ärmeren der einheimischen Bevölkerung scheint außer dem Dreck, aufkeimendem Neid und einer gespaltenen Dorfgemeinschaft wenig von den Touristen zu bleiben. Ich höre einen brasilianischen Traveller erzählen, er habe ein Kulturzentrum besucht, wo man ihm erklärte, wie wichtig der Tourismus für die Region sei. Klar, wenn ich mit jenen spreche, bei denen ich Eintritt bezahle, werde ich das immer wieder hören. Wirklich übel wird mir, wenn ich junge, blonde Frauen dabei beobachte, wie sie kolumbianischen alten Damen oder Kindern milde lächelnd ein Trinkgeld geben, wenn sie ihnen Schmuck abkaufen, wissend, dass die gehandelten Beträge hier viel mehr wert sind als in ihrem Heimatland. Eine Niederländerin neben uns in der Strandbar kauft einem kleinen Mädchen ein Haarband ab und gibt ihr noch ein paar Münzen dazu. Danach sagt sie ganz begeistert zu ihren Freunden: »Did you see her face? I made her day with those few cents!« Solche Almosen geben keine Bildung, keine Lebensgrundlage, keine Zukunft. Die, die glauben zu helfen, machen es oft nur noch schlimmer. Was können wir wirklich für die Entwicklung einer Gesellschaft anderswo tun? Dazu fällt mir ein Satz des Kabarettisten Hagen Rether ein: »Einfach mal die anderen in Ruhe lassen.«

* * *

Obwohl wir in der Kiteschule untergebracht sind, interessiert es Tom und mich keine Spur, kiten zu lernen. Wir schlafen wie alle Gäste in einem Bretterverschlag direkt am Strand, in dem für jeden eine Hängematte angebracht wird. Im Gegensatz zu den Wasserratten bleiben wir morgens lange liegen, lauschen dem Meeresrauschen und stehen nur auf, um kurz schwimmen zu gehen oder uns neben der Strandbar unter einen Sonnenschirm zu setzen. Dort packt der loungige Elektropop, der aus den Boxen wabert, mich in Watte und lässt mich vergessen, dass ich das alles hier eigentlich völlig unfair und verachtenswert finde. Eine viel zu hohe Frauenstimme singt in die Elektrobeats hinein: »If I wanna be rich I've got to find my soul, all before I sleep« Da hat jemand die Illusion unserer Zeit perfekt auf den Punkt gebracht.

* * *

Wenn wir uns morgens sehr spät aus den Hängematten schälen, sind meistens nur noch zwei andere Traveller in Sichtweite, die scheinbar nichts mit Kitesurfen am Hut haben: zwei Männer um die vierzig, die kaum unterschiedlicher aussehen könnten. Der eine, ein Tiroler, ist die Durchschnittlichkeit in Person: mittelgroß, mittelschlank, Halbglatze, Dreitagebart, normale Badehose, normales T-Shirt, normale Flip-Flops. Der andere ist ein Afghane, groß und schmal. Er hat wilde, schwarze Locken, sein schwarz-grauer Aussteigerbart ist gute fünf Zentimeter lang. Er trägt jeden Tag dieselbe weite Hose mit verträumtem rosa Blumenmuster, geht immer barfuß und ist mit mystischen Halsketten und Armbändern behängt. Zu meiner Überraschung vervollständigt er sein Bild mit einer tief dröhnenden Stimme in stärkstem bayrischen Dialekt. Die beiden Freunde haben sich vor zwei Monaten in einem Hippie-Dorf in den kolumbianischen Bergen kennengelernt, wo sie nun seit zwei Monaten Yoga üben und der Tiroler sich bereits in eine Kolumbianerin verliebt hat. Keiner der beiden hat eine »Deadline« für seinen Aufenthalt. Nun haben sie ihren Alltag des Meditierens kurzzeitig an dieses Kap verlegt, einfach so, für eine Woche oder länger. Das Abreisedatum haben sie auch diesmal nicht festgelegt. Im Gespräch mit dem New-Age-Bayer teste ich erneut meine Theorien. Während er einen Joint raucht, frage ich ihn von meiner Hängematte aus, wie er zu dem Schluss kommt, dass wir das Recht haben, um die Welt zu reisen und die Umwelt zu zerstören. Entspannt lächelnd erzählt er mir daraufhin etwas von der Unendlichkeit des Universums, wie unbedeutend der Mensch in Wahrheit sei und dass wir so vieles gar nicht sehen können, was ebenfalls in dieser Welt ist und eigentlich viel bedeutender ist als wir – frei schwebende Energien und so weiter. »Wir zerstören die Welt nicht, das sagt uns nur der Egozentrismus der Menschen«, meint er. »Wir verändern gar nichts auf dieser Welt.« Diese Einstellung finde ich zwar als Lebensgrundlage völlig unbrauchbar, dennoch muss ich ihm Recht geben. Die Welt wird weiterleben, der Mensch wird nur sich selbst zerstören. Der Planet Erde wird vermutlich ein kurzes Jucken registrieren, wenn wir uns selbst erfolgreich ausgerottet haben, und dann wird er weitervegetieren und irgendwann neu erblühen. »Aber ist das ein Grund, ganz aus unserer Gesellschaft auszusteigen? Sich selbst aus der Verantwortung auszunehmen?«, will ich von ihm wissen. »Auf keinen Fall«, entgegnet er mir gelassen, »Ich selbst bin ja auch Teil des Systems.« »Wo bist DU Teil des Systems?«, lache ich. Als ich seine Antwort höre, fällt mir ordentlich die Kinnlade herunter. Der gute Hippie ist nämlich im »echten« Leben Investmentbanker bei der Deutschen Sparkasse. Bis vor Kurzem sogar in Leitungsfunktion. Als ihn vor drei Jahren dann die Erleuchtung ereilte, ließ er sich in Verantwortung und Gehalt zurückstufen. Seither hat er wieder mehr Freude an seinem Beruf, erzählt er mir spitzbübisch lächelnd. Er bemüht sich wieder, ehrliche und persönliche Beziehungen zu seinen Kolleginnen und Kollegen aufzubauen, gute Laune am Arbeitsplatz zu verbreiten und Rückschläge nicht mehr so ernst zu nehmen. Das alles kommt in seinem Umfeld gut an, er ist beruflich sogar erfolgreicher als zuvor. Nun hat er sich ein sechsmonatiges Sabbatical ausgehandelt. Er will nicht möglichst viele Orte auf einmal sehen, sondern dort länger bleiben, wo es ihm gut gefällt. In diesem Punkt stimmen wir überein: Es zählt nicht das Reiseerlebnis, sondern unsere innere Haltung und der Wille, zu einer Gemeinschaft zu gehören und länger an einem Ort zu bleiben, ganz egal wo. Als wir uns am nächsten Tag voneinander verabschieden, frage ich ihn, wo er denn als Nächstes länger bleiben will. Er erzählt mir von einem spirituellen Festival in Panama, wohin er demnächst aufbrechen wird. Das kommt mir bekannt vor. Hat nicht Joel, der australische Yogi, etwas Ähnliches erzählt? Falls wir ihn in Johannes' Hostel nochmals antreffen, werde ich ihn danach fragen. Ich schwinge mich hinter Tom auf das Motorrad und fühle mich inzwischen schon sehr cool dabei. In den letzten Tagen haben wir viel Bewunderung und Neid von den anderen Reisenden geerntet, die mit dem Sammeltaxi-Truck hierhergekommen sind. Ein paar Stunden später ist der Coolness-Faktor des Motorrads allerdings wieder verschwunden. Sämtliche Glieder tun mir weh und meine Strategie scheint aufgegangen zu sein: Tom gibt ächzend zu, dass weder er noch sein Rücken dauerhaft so reisen möchten.

DER NICHT GANZ EINSAME STRAND

Seit Wochen sprechen alle Reisenden rund um uns nur vom bald beginnenden Karneval im karibischen Barranquilla. Die Partys dort sollen legendär sein, nach Rio ist er der zweitgrößte Karneval der Welt. Auch Tom und ich haben geplant, bald dorthin zu fahren, doch von Tag zu Tag ist mir die Lust dazu immer mehr vergangen. Mit jeder Person, die uns bestätigte, dass auch sie den Karneval ansteuert, wurde mir bewusster, dass dies ein alljährliches Highlight des kommerziellen Tourismus ist und ich daran vermutlich keinen Spaß haben werde. Trotzdem recherchieren wir online, ob überhaupt noch ein leistbares Zimmer während des Karnevals zu haben ist. Entgegen unserer sonstigen Gewohnheit versuchen wir, eine Unterkunft auf Booking.com zu reservieren. Diese Seite macht mich mit ihren unzähligen Bannern in allen Ecken des Bildschirms binnen Sekunden wahnsinnig: »Heute schon fünf Mal gebucht!« »Nur noch ein Zimmer verfügbar!« Ja, klar. Völlig entnervt gebe ich nach wenigen Minuten der Suche auf: »Lass uns diesen blöden Karneval doch einfach auslassen, Tom.«

Skeptisch schaut der mich an. »Meinst du das ernst oder sagst du das jetzt nur so?«

Ein paar Tage lang sind wir unsicher und überlegen hin und her. Könnten wir es nicht später bereuen, diese Attraktion ausgelassen zu haben? Als wir uns schließlich festlegen und dem Karneval eine Absage erteilen, sind wir richtig erleichtert. Wir haben den »Must-see«-Zwang erfolgreich besiegt. Was wollen wir stattdessen tun? Johannes empfiehlt uns einen kleinen Strandort, den bisher laut ihm mehrheitlich einheimische Touristen aufsuchen, die aber derzeit keine Schulferien haben. Als er den Namen des Ortes nennt, klingelt es bei mir: War nicht mein Vater vergangenes Jahr genau an diesem Strand? Ich glaube, er schwärmt bis heute davon. Er hat es als Geheimtipp bezeichnet und erzählt, dass dort wenige Touristen unterwegs seien. Also folgen wir Johannes' Rat. Ein Hostel direkt am Strand ist genau das Richtige für den Abschluss unserer Reisezeit – der Heimflug naht mit großen Schritten. Wir steigen also in den Bus und nähern uns unserem vorletzten Reiseziel. Johannes hat uns erzählt, dass der letzte Teil der Strecke mit Motorradtaxis zurückgelegt werden muss. Als wir aus dem Bus steigen, sehe ich, dass bereits eine Horde junger Männer mit ihren Motorrädern an der Bushaltestelle wartet. Die Mototaxi-Anbieter drängen sich sofort durch zu Tom und mir, den von Weitem sichtbaren Gringos, und wissen nicht nur bereits, in welchen Ort wir wollen, sondern praktischerweise auch in welches Hostel. Die Auswahl scheint nicht groß zu sein. Ob das auch heißt, dass überhaupt wenige Backpacker dort absteigen? Wir verhandeln den Preis und steigen mit unseren Rucksäcken auf zwei Motorräder. In der Abenddämmerung fahren wir über holprige Schotterstraßen bis zu dem kleinen Ort direkt an der Küste. Das Hostel liegt tatsächlich direkt am Strand, das blaue Meerwasser ist nur fünfzehn Meter vom Eingang entfernt, dazwischen liegt nur die mit Hängematten ausgestattete Terrasse. Ja, hier bleiben wir! Und zwar endlich nicht nur für zwei oder drei Tage, sondern diesmal für eine ganze Woche. Das Hostel scheint gut gefüllt zu sein, strandauf- und -abwärts sehe ich noch zwei weitere Herbergen. Obwohl Nebensaison ist, scheinen doch etwa hundert Gringos hier zu sein. Eines muss ich mir nun ein für alle Mal merken, sage ich mir selbst: Es gibt schlicht und ergreifend keine weißen Flecken mehr auf der Weltkarte, zumindest nicht für Reisende. Dieser Wunschtraum ist vorüber, der Mensch hat jedes mögliche Reiseziel entdeckt und für die Öffentlichkeit zugänglich gemacht. Die Idee der einsamen Insel, auf der vor dir noch nie jemand war, ist heute nur noch eine Illusion. Wir nehmen also mit dem belebten Strand, an dem wir gelandet sind, vorlieb und freuen uns über das schöne Zimmer mit Dach aus Bambus und Palmwedeln, durch dessen offene Fenster wir das Meer auch nachts rauschen hören. Zumindest hier sind wir nur für uns.

* * *

Am nächsten Tag lege ich mich in die Hängematte und lausche eine Zeit lang den Gesprächen der anderen Gäste, die sich auf Französisch, Englisch, Spanisch und Deutsch unterhalten. Die meisten haben diesen Ort als Geheimtipp empfohlen bekommen und kamen mit der Erwartung an, hier fast alleine zu sein. Trotzdem ziehen die Langsamkeit und Entspanntheit, die in der Luft liegen, alle sogleich in ihren Bann, sodass am Ende jeder länger bleibt als ursprünglich geplant. Mir fällt auf, dass die meisten Backpacker, die hier sind, Paare oder Gruppen von Frauen sind. In Wirklichkeit ist das nicht nur hier so, die ganzen letzten Monate hindurch habe ich reisende Männer nur selten alleine oder in rein männlichen Gruppen gesehen. Meistens waren sie in der Begleitung von Frauen. Sind Frauen reisefreudiger? Interessierter an anderen Kulturen und anderen Sprachen? Lesen Frauen auch häufiger Bücher über das Reisen? Ist die Autorin dieser Zeilen etwa ... auch eine Frau? Volltreffer. Sie ist sogar ein sehr genaues Abbild der durchschnittlichen Backpackerin in Südamerika. Frauen halten wahrscheinlich einen größeren Anteil an den Reiseexzessen unserer Zeit. Die gute Nachricht hingegen ist: Wir Frauen können auch die sein, die einlenken. Wir können demnächst einen Heimaturlaub planen anstatt unsere Partner nächsten Sommer mit ans andere Ende der Welt zu zerren.

Eine Ausnahme bildet ein Typus des Reisenden, dem ich unterwegs schon sehr oft begegnet bin und den ich auch hier am Strand mehrfach sichte: Männer in der Midlife-Crisis. Mittvierziger und Mittfünfziger, meist frustriert vom immer selben Job, geschieden oder getrennt. Wohlhabend, aber unglücklich, das gute Leben auf Reisen suchend. Sie haben Geld, Zeit und sind schon fast überall gewesen, natürlich auf jeden Fall in Thailand, Vietnam, Südafrika und auf Kuba. Jetzt kommt Kolumbien bis Argentinien dran und nächstes Jahr dann Myanmar. Was für sie zählt: die Flucht vor den Alltagssorgen und die vielen bunten Stempel in ihrem Reisepass, die unzähligen Fotos, die zu Hause sorgsam archiviert und stolz überall hergezeigt werden.

An diesem Abend entdecke ich am Strand ein Lokal, das von einem solchen Mann geführt wird. Ich komme mit dem Franzosen, der tatsächlich François heißt, ins Gespräch. Er ist ungefähr fünfzig, schätze ich. Im Gegensatz zu den meisten seiner Leidensgenossen hat er den großen Schritt gewagt und das getan, wovon die meisten Midlife-Crisis-Reisenden nur vage schwärmen: Er hat sich hier ein Grundstück gekauft und eine Strandbar eröffnet. Er rechnet mir vor, dass er hier trotz Risiken als Selbstständiger besser dran ist als in Frankreich mit seinem früheren Vierzigstundenjob als Verkäufer von Fernsehgeräten. Ich kann ihn ein bisschen verstehen, doch ich merke im Gespräch, dass er so manchem Familienproblem zu Hause einfach den Rücken gekehrt hat, in der Hoffnung, es würde dadurch verschwinden. Ich fürchte, er weiß selbst, dass das wohl nicht der Fall sein wird. Doch solange es ihm hier gefällt, scheint das Erleichterung genug zu sein.

* * *

In den folgenden Tagen lerne ich das kleine Stranddorf besser kennen als jeden anderen Flecken, den wir in den vergangenen Monaten bereist haben. Ich erfahre ab dem vierten Tag so vieles über die Bevölkerung und den Tourismus hier, was mein Bild von diesem Ort völlig verändert. Darum beginne ich mich auch zu fragen: Habe ich von all den anderen Orten nach zwei oder drei Tagen immer einen völlig falschen Eindruck mitgenommen? Die Leitung unseres Hostels wirkt zu Beginn sehr freundlich und entspannt. Auf der Webseite werben sie auch damit, dass sie mit der lokalen Bevölkerung zusammenarbeiten und allen ein besseres Leben durch den Tourismus ermöglichen wollen. Ich erfahre von anderen Backpackern und Einheimischen aber jeden Tag Kleinigkeiten, die meine Einschätzung verändern. Dass die Motorrad-Taxifahrer uns sofort zu dieser Herberge brachten, ist ein abgekartetes Spiel. Sie bekommen von der Herberge Provision, wenn sie den ankommenden Touristen erzählen, es gebe nur diese Unterkunft im Ort. Tatsächlich entdecken Tom und ich bei immer ausgedehnteren Strandspaziergängen, dass es zahlreiche kleine Unterkünfte gibt, die allerdings alle nicht online zu finden sind. Die Besitzer sind Einheimische, die fast gar kein Englisch sprechen. Diese beiden Faktoren erschweren es für sie, für ankommende Backpacker präsent zu sein. Das scheint die Platzhirsche von unserer Unterkunft wenig zu stören.

Immer öfter sehe ich die Leiterin der Herberge das Geld in ihrer Kasse zählen. Sie beschwert sich bei einigen Gästen und behauptet, diese würden ihr das Essen aus dem Kühlschrank klauen, denn sie lagert ihre eigenen Lebensmittel im frei zugänglichen Hostel-Kühlschrank. Mehrfach bekomme ich mit, dass Backpacker, die bei der Hostel-Leitung Bootstouren zum Schnorcheln oder zu Inseln vor der Küste gebucht haben, enttäuscht zurückkommen. Als ich mit einigen anderen Reisenden im Dorf einen Fischer suche, der uns mit seinem Boot mitnimmt, bekommen wir nicht nur einen besseren Preis, sondern vermutlich auch eine viel schönere Bootstour. Die Chefin des Hostels steht sichtlich erbost am Strand und schaut uns hinterher, nachdem wir abgelegt haben. Ebendieser Fischer erzählt uns im Laufe des Ausflugstages auch, dass die ganze Dorfgemeinde mit dieser Frau auf Kriegsfuß steht, da sie die Einzige hier ist, die zwar vom Tourismus lebt, aber keine Abgaben zahlen will. Die Gemeinde scheint gut zu funktionieren, sie wollen die neuen Einnahmen positiv nutzen, ihre Schule renovieren, eine funktionierende Mülltrennung organisieren, mehr Englischunterricht für die Kinder einführen, damit diese später auch mit den Touristen arbeiten können. Dass ausgerechnet das größte Hostel im Ort nur auf seinen eigenen Profit achtet, schmerzt alle besonders. Vielleicht habe ich mich getäuscht, denke ich am Ende dieses Tages, nicht nur bei der Wahl unserer Unterkunft, sondern auch in meinem vorschnellen Urteil, dass Tourismus grundsätzlich den Einheimischen schadet. Wenn es einer Gemeinschaft gelingt, die Einnahmen zum allgemeinen Wohl zu nutzen, kann daraus auch Positives entstehen. Am Ende zählt der gute Wille jedes Einzelnen, damit das gelingt.

* * *

Tom entdeckt auf der Terrasse des Hostels einen Grund, trotz der unangenehmen Leiterin in dieser Unterkunft zu bleiben: Sie haben einen Grill. Nach seinem morgendlichen Einkauf im Dorf kommt er mit einem monströsen, zweieinhalb Kilogramm schweren, frisch gefangenen Fisch zurück und strahlt von einem Ohr zum anderen.

»Tom … wer soll das alles essen?!«, frage ich nur lachend.

»Du siehst immer nur das Problem«, erwidert er kopfschüttelnd, »Dann lade ich halt noch andere Leute zum Essen ein! Wer würde zu so einem regionalen, frisch gefangenen, köstlich gegrillten Fisch Nein sagen?«

Aufgeschlossen wie er ist, zweifle ich keine Sekunde an seinem Plan und freue mich über seinen Optimismus. Während ich schon Gemüse zu schnippeln beginne, fragt Tom auf der Hostel-Terrasse bei den Gästen, die ihm bisher am sympathischsten geworden sind, herum, wer mit uns essen möchte. Etwas verdattert kommt er nach zehn Minuten zu mir in die Hostel-Küche: »Also … vier Leute essen noch mit. Aber zwei davon wollen nur ihr Gemüse auf den Grill legen. Da draußen sitzen fast nur Vegetarier!!«

Das überrascht mich nicht. Immer wieder bin ich in letzter Zeit unterwegs Vegetariern und Veganern begegnet, die mich in tiefe Selbstzweifel gestürzt haben. Nach einem halben Jahr ohne Fleisch und Fisch in Kanada war ich überzeugt, dass es in Peru unmöglich sein würde, auswärts fleischlos zu essen, also versuchte ich es erst gar nicht. Wenn mir andere Reisende nun erklärten, es sei in Südamerika teilweise sogar einfacher als in Europa, erkannte ich, dass ich mich null angestrengt hatte. Hatte es wirklich oft keine fleischlose Alternative gegeben? Manchmal vielleicht. Wäre ich verhungert, wenn ich dort nichts gegessen hätte? Garantiert nicht. Einzig die absurde Tatsache, dass an manchen Orten ein bisschen Hackfleisch oder Huhn in der Gemüsemasse noch als »vegetariano« durchgeht, hätte mir womöglich ernsthaft Probleme gemacht, meine Prinzipien durchzuziehen. Gut, ich gebe zu, ich esse nun mal einfach gerne Fleisch und Fisch. Vor allem, wenn ich den Eindruck habe, dass es sich um keine gezüchteten Tiere aus Massenhaltungen handelt, greife ich gerne zu. Der Anteil an Vegetariern und Veganern ist in Backpackerkreisen garantiert überdurchschnittlich hoch und die Motive reichen vermutlich von Ökologie über Tierschutz bis hin zu Spiritualität. Das ist natürlich eine gute Sache, vor allem wenn Avocado und Kokosnuss nicht importiert werden müssen, sondern vor Ort gedeihen. Während ich in die Runde dieser Grillgemüse mampfenden Traveller schaue, frage ich mich: Warum verzichten viele aus ökologischen Gründen so überzeugt auf Fleisch – aber nicht aufs Fliegen? Am Ende tut die Flugindustrie doch exakt das Gleiche wie die Fleischindustrie: Sie verkauft ein sehr wertvolles Gut zu viel zu geringen Preisen, mit katastrophalen Umweltauswirkungen und der Folge, dass viel zu viel davon konsumiert wird, obwohl wir alle eigentlich problemlos ohne diese Angebote leben könnten. Wenn Veganer inbrünstig argumentieren, der Mensch brauche keine tierischen Produkte, dann klaue ich jetzt einfach dieses Argument und schicke es postwendend zurück: Ohne Flugreisen ist meines Wissens noch bei niemandem eine körperliche Mangelerscheinung aufgetreten. Eine Französin, die neben mir Kochbananen und Gemüse auf dem Teller hat, frage ich geradeheraus, wie sie über diesen Widerspruch denkt. Sie überlegt kurz, nachdem sie sich meine Argumentation angehört hat, und meint dann in stark akzentuiertem Spanisch: »Ich finde, es ist eher so: Wer kein Fleisch isst, darf dafür Flugzeuge benutzen. Vegetarier sparen ja im Gegensatz zu Fleischessern so viele Emissionen!«

Ich recherchiere am selben Abend online[23] und rechne nach: Wenn ich normalerweise drei Mal pro Woche

23 www.klimatarier.com/de/CO2_Rechner (21.05.2018) www.klimaneutral-handeln.de/php/kompens-berechnen.php#rechner (21.05.2018)

150 Gramm Rindfleisch esse, muss ich mehr als acht Jahre lang darauf verzichten, um stattdessen einmal von Wien nach New York fliegen zu können. Ohne Rückflug – das sind dann nochmals acht Jahre. Dieses Argument ist wohl eher dürftig. Trotzdem hilft mir das nicht so richtig weiter: Kann ich deshalb genüsslich ab und zu mein Schnitzel essen, wenn ich ab sofort nie wieder in ein Flugzeug steige? Oder darf ich bei meinem an Suchtverhalten grenzenden Käse- und Joghurtkonsum trotzdem auf keinen Fall auch noch Fleisch essen? Dieses ganze Nicht-Dürfen, Auf-jeden-Fall-Sollen und Garantiert-Müssen verwirrt mich furchtbar. Vielleicht kann ich dem Gedanken des Flugverzichts deshalb auch so viel abgewinnen: Die Beweislast ist erdrückend, nirgendwo sonst ist der Aufwand an Emissionen so deutlich. Die aktuellste Studie dazu kommt von der Universität Sydney, die mit Daten aus dem Jahr 2013 errechnet hat, dass volle acht Prozent aller Treibhausgase weltweit durch Reisen entstehen.[24] Für mich persönlich ist momentan die Vorstellung, nicht mehr zu fliegen, verkraftbarer als der Gedanke, nie wieder den Geschmack von Bergkäse im Mund zu haben. Wer kann dem ernsthaft widersprechen?

* * *

Seit Monaten denke ich, dass es den Prototypen des privilegierten, völlig unbewussten Reisenden aus dem Westen in Wirklichkeit in seiner Reinform wohl gar nicht gibt. Es existieren viele Abstufungen, Teilwahrheiten und viele unterschiedliche Mitschuldige, aber die Extremform hielt ich eher für eine Übertreibung meiner eigenen Welt-

24 DIE ZEIT Nr. 20/2018. www.zeit.de/2018/20/treibhausgase-erderwaermung-reisen-einfluss (06.01.2019)

sicht – bis jetzt. Nun habe ich ihn persönlich getroffen. Er existiert. Lange, dunkle Haare, Hipster-Bart inklusive Moustache, runde Sonnenbrillengläser mit schmaler Fassung, schwarze Knopfohrringe, Nasenring, Tattoos am ganzen Körper, ausgerüstet mit den üblichen skandinavischen Markenaccessoires, perfektes Netflix-Englisch, französische Freundin, niederländischer Pass. Im kurzen Gespräch auf der Hostel-Terrasse habe ich seinen Namen nicht erfahren. Nennen wir ihn einfach Johnny, denn er sieht aus wie ein verjüngter Möchtegern-Johnny-Depp kurz nach Drehschluss von »Fluch der Karibik – Gefangen im Luxus-Eco-Ressort«. Johnny führt mit den anderen Hostel-Gästen die voraussehbaren Gespräche: »How was your boat tour? Would you recommend it? Wow, this is like paradise here! Where have you been? Where are you going next? Am I still talking?« Ich versuche angestrengt, ihn zu ignorieren und widme mich meinem Frühstück, bis es ihm doch gelingt, auch mich anzusprechen. Als er hört, dass Tom und ich davor in Ecuador waren, will er mehr darüber wissen und fragt mich allen Ernstes, ob ich »it« – das ganze Land – empfehlen würde. Well, well, dear Johnny, wo soll ich bloß anfangen? Ich unterdrücke meinen Impuls, ihn zu belehren, wie dämlich bereits seine Fragestellung in Bezug auf ein so vielfältiges Land ist, und bemühe mich freundlich, ihm einen Überblick über meine eigenen Eindrücke zu geben. Als ich erwähne, dass wir sehr viel in den Bergen unterwegs waren, ist er ganz begeistert, reißt die Augen auf und gibt mit ernstem Gesichtsausdruck folgenden Satz von sich: »I loooove nature!« Oh really? What a surprise. Tatsächlich überrascht und angewidert bin ich dann, als er erklärt, er und seine Freundin wären bis vor Kurzem in Chile gewesen und wollen jetzt von Kolumbien aus entweder nach Ecuador oder Nicaragua weiterreisen.

»So ... you fly everywhere?!« Wer sich inzwischen ein Bild von mir gemacht hat, kann sich Blick und Tonfall ohne weitere Beschreibung bestimmt vorstellen.

»Sure!«, antwortet Johnny eifrig, die Flüge seien doch so wunderbar billig, und mit dem Bus zu reisen, sei mühsam und würde zudem bedeuten, dass er an vielen Orten halt machen müsse, die sich sowieso ähnelten. Lieber würde er sich sein Ziel frei aussuchen und dann direkt hinfliegen. Ich bin so fassungslos über dieses Maß an Ignoranz, dass mir sämtliche Argumente im Halse stecken bleiben. Bis er bei der Entscheidung angelangt ist, als Nächstes nach Ecuador zu reisen, habe ich meine Stimme wiedergefunden und beende das Gespräch mit den Worten: »If you really loooove nature, you'll better take a bus than fly there!«

Sehr zufrieden mit meiner abschließenden Performance marschiere ich über den Strand zu Tom, der sich unauffällig in den Schatten zurückgezogen hat.

»Dem hab ich's gegeben«, berichte ich stolz. »Hast du mitgekriegt, was dieser ignorante Vollkoffer geredet hat? Er fliegt überall hin, weil es doch sooo praktisch ist und er die Natur doch sooo toll fin...«

Plötzlich platzt Tom der Kragen: »Seit Monaten höre ich mir nun schon an, wie furchtbar das ist, was wir und alle anderen hier tun. Kannst du bitte, nur für einen einzigen Tag, einfach mal damit aufhören? Wir haben es alle kapiert, wir sollten weniger fliegen. Aber übertreibst du nicht langsam? Ich verspreche dir, wir werden auf jeden unnötigen Flug verzichten, unser ganzes Leben lang! Aber wenn ich in zehn Jahren noch mal nach Peru und unsere Freunde sehen will, dann werde ich das machen. Und DU auch! Ist dir eigentlich aufgefallen, dass du den Leuten dauernd so schlaue Fragen stellst, ohne dir selbst diese Fragen zu stellen? Steffen zum Beispiel – warum wolltest du denn genauso wie er in den Anden bergsteigen? Oder Élise, der du erklärt hast, wie sinnlos Volunteering ist – hast du nicht auch vieles gelernt im Senegal? Und der arme Niederländer in La Paz! Ich wünschte, er hätte zurückgefragt, ob du denn zu Hause so viel glücklicher bist als er in Bolivien! Oder das Paar aus der Schweiz – die bemitleiden dich wahrscheinlich, weil du es gar nicht aushältst, jahrelang nichts »Sinnvolles« zu tun! Und dann erst Joel, den hast du ja komplett fertiggemacht. Dabei hast du selbst mir schon tausendmal gesagt, dass du nur so werden konntest, wie du bist, weil du dich auf Reisen getraut hast, anders zu sein! Ich bin verdammt froh, dass du so viel geflogen bist. Denn in die Claudia, die nie ein Flugzeug bestiegen hat, hätte ich mich wahrscheinlich gar nicht verliebt.«

Das sitzt. Ich starre Tom an, mein Atem zittert. Was soll ich darauf noch sagen? Er hat recht. Wem nützt mein Pessimismus? Woher weiß ich, was andere gerade brauchen oder was für sie legitim ist? Glaube ich wirklich, dass ich mit diesen Diskussionsangriffen unser Klima retten werde? Gegen wen oder was kämpfte ich denn in Wahrheit an? Ich nehme Toms Hand.

»Tut mir leid.«

Ich würde mich am liebsten bei allen entschuldigen, die ich in den letzten Monaten so leichtfertig und selbstgerecht verurteilt habe. Wie oft waren diese Worte eigentlich gegen mich selbst gerichtet? Wie viele positive Begegnungen und konstruktive Gespräche habe ich in den letzten Monaten dadurch verhindert?

* * *

Tom macht sich wahrscheinlich schon Sorgen, dass er es mit seiner Standpauke übertrieben hat. Seit Stunden sitze ich auf der Hostel-Terrasse und blicke auf das Meer hinaus. Er hat recht mit dem, was er sagt, doch ich komme nicht dahinter, warum ich so einen verbissenen Kampf gegen all diese Reisenden führe. Ich weiß nicht mehr, ob es nützt oder schadet, wenn ich derart für meine Überzeugung einstehe. Ich blicke hinüber zur Strandbar, wo François gerade den Tresen wischt. Vom Hostel auf der anderen Seite des Strandes geht ein Mann auf die Bar zu. Er trägt Badeshorts und ein weißes T-Shirt, auf den schon etwas grauen Haaren ruht lässig eine verspiegelte Sonnenbrille. Er winkt mir zu. Ich soll mich zu ihm setzen. Erst jetzt erkenne ich ihn: Es ist mein Vater. Habe ich einen Sonnenstich? Ich kneife die Augen zusammen und lege die Hand als Sonnenschutz über meine Augen. Doch, er ist es tatsächlich. Langsam klopfe ich mir den Sand von den Füßen und gehe hinüber. Als ich am Tresen ankomme, höre ich ihn zu François sagen: »Dos cervezas, por favor.« Das bisschen Spanisch, das er braucht, beherrscht er, hat er immer gesagt. Ich setze mich neben ihn und überprüfe nochmals ungläubig, ob dieser Mann wirklich mein Vater ist. Mit zweifelndem Blick schüttle ich den Kopf.

»Wie ist das möglich, dass wir am Ende am selben Reiseziel gelandet sind – du und ich?« frage ich. »Du bist vor einem Jahr wahrscheinlich an genau diesem Tresen gesessen – und jetzt bin ich hier. Dabei wollte ich doch beim Reisen alles ganz anders machen als du, alles viel besser. Ich wollte klüger sein, gerechter, bewusster.«

Mein Vater lächelt und blickt zur Seite.

»Das alles bist du, Claudia, das weiß ich. Mir musst du das nicht beweisen. Und auch sonst niemandem.«

Man sagt »Wir haben die Welt von unseren Kindern nur geborgt«. Ich habe das Gefühl, wir haben diesen Planeten von unseren Eltern schon verschmutzt geerbt und müssen alles wiedergutmachen. Sie wollten ein besseres Leben für uns, bekommen haben wir ein Leben voller Gewissensbisse. Und wir sollten die Erde nicht nur aufräumen, sondern auch für die Zukunft noch viel sauberer machen, bevor wir sie unsererseits weitergeben.

Das ist einfach zu viel verlangt.

ÜBERDRUSS

Ich kann kaum glauben, dass wir nach so langer Zeit in Südamerika in nur drei Tagen abreisen werden. Mein letzter Flug nähert sich also in großen Schritten. Die Stadt, von der aus wir abfliegen, ist eine klassische Touristen-Großstadt: viel Hochkultur und Geschichte, eine prächtige Altstadt, teure Restaurants, wohlhabende Menschen. Von kolumbianischer Eigenheit ist hier plötzlich wenig zu spüren. Kurz frage ich mich, ob wir denn bereits wieder in Europa sind. Während des Spaziergangs durch die Gassen der Altstadt fühle ich mich zurückversetzt in all die klassischen Städtereisen, die ich in den letzten Jahren in wechselnder Begleitung bereits hinter mich gebracht habe: Paris, Rom, London, Dublin, Berlin, Brüssel, Kopenhagen, New York. Alles mit dem Flugzeug. Eine absurde Zahl an Flugkilometern für wenige Tage an diesen Orten, die sich in Mentalität und Angebot nur wenig unterscheiden, aber Unmengen an Touristen anziehen, weil hier »das Leben pulsiert« und »so viel Kultur geboten wird«. Ich muss an Stefania und Diego denken, unsere Freunde aus Barcelona, die in ihrer Heimatstadt kaum mehr normal leben können. Massentourismus droht schon längst, so manche Stadt nach und nach zu einem Freiluftmuseum zu machen.[25] Jetzt gerade gehen Tom und ich an allen Museen vorbei, ohne sie eines Blickes zu würdigen, und betreten erst recht keine Kirche mehr. Too much of

25 Sommer, Sonne, Urlaubsglück? ZDF-Dokumentation 2018

the same. Als ich damals mit achtzehn Jahren mit meinem Vater in New York ankam, ging ein Traum für mich in Erfüllung. Diese Stadt, voll mit allem, was ich während meiner beschaulichen Vorstadtjugend nur aus dem Fernseher gekannt hatte, war wie das Tor zu einer neuen Welt für das junge Mädchen, das gerade erst die Schule abgeschlossen hatte. Die Dankbarkeit für diese Erfahrungen verwandelte sich in mir irgendwann in Ärger auf meinen Vater, der mich so jung schon zur umweltschädigenden Mittäterin gemacht hat. Weil wir für nur eine Woche Aufenthalt über den Ozean geflogen sind. Weil er mir nicht beigebracht hat, auf die Umwelt zu achten, sondern einfach das zu tun, was mir Freude macht. Inzwischen hat sich mein Ärger aber wieder gewandelt. Ich schätze mich sehr glücklich, dass ich so viele Seiten dieser Welt bereits kennenlernen durfte. Noch glücklicher macht es mich aber, dass die Lehren meines Vaters jetzt wieder einen Sinn ergeben. Was ich von unserer wunderschönen Welt gesehen habe, will ich schützen. Und zu tun, was mir Freude macht, muss darum in keinem Widerspruch dazu stehen. Anstatt uns selbst unsere Verfehlungen vorzuwerfen und uns zum Verzicht zu verpflichten, dürfen wir uns einfach die eine oder andere Pause von den (Reise-)Zwängen unserer Zeit schenken. Ärger und Scham über mein eigenes »Fehlverhalten« haben mir jedenfalls kaum dabei geholfen, einen Ausweg aus diesem Schlamassel zu finden. Wir dürfen uns selbst alle Freiheiten erlauben, auch jede Reisefreiheit, die uns geschenkt wurde. Und genauso die Freiheit, etwas für uns selbst einfach nicht zu brauchen, unabhängig davon, ob es dem Klima hilft oder nicht. Auch wenn also mein Vater und viele andere bis an ihr Lebensende unbekümmert um die Welt fliegen, werde ich weiter meinen eigenen CO_2-Fußabdruck reduzieren. Nicht, weil ich uns alle retten muss. Sondern weil es mir Freude macht und ich auf diese Art jene Reiseerfahrungen machen kann, die ich wirklich suche.

DER LETZTE FLUG

Am Vorabend unserer Abreise haben Tom und ich uns auf der Dachterrasse des Hostels noch mit einem Typen aus Deutschland unterhalten, der für drei Wochen nach Kolumbien geflogen ist. Er wäre gerne länger geblieben, meinte er. Leider gibt es für ihn mit fünf Wochen Urlaub pro Jahr keine andere Option, so weit herumzukommen. Während er das sagte, drehte Tom sich zu mir und sah mich prüfend an. Seine Gedanken waren leicht zu erraten: »Wirst du dem Armen jetzt gleich die Hölle heiß machen?« Ich streckte ihm lachend die Zunge heraus und gratulierte dem Deutschen zu seiner Entscheidung, sich für die Reise immerhin so viel Zeit wie irgendwie möglich zu nehmen. Er nickt ernst. »Ja ... dafür mache ich nächsten Sommer dann Campingurlaub in Österreich! Ist auch besser fürs Klima.« Ich ziehe die Augenbrauen hoch und zwinkere Tom zu. Der zwinkert beifällig zurück. Meine neue Gesprächsstrategie gefällt mir immer besser.

Der Abreisetag stresst mich von Beginn an enorm. Unser Flug geht erst am Nachmittag, und für mich gibt es nichts Schlimmeres, als den ganzen Vormittag herumzuwarten: Die Zeit ist zu knapp, um noch etwas zu unternehmen, und zu lang, um bereits zum Flughafen zu fahren. Meinen schon fertig gepackten Rucksack muss ich noch mindestens drei Mal wieder ausräumen, weil ich irgendetwas doch noch brauche, das sich ganz unten versteckt. Wir planen akribisch die Zeit für das Mittagessen, um nicht essen zu müssen, wenn wir noch keinen Hunger haben, aber doch noch früh genug dran zu sein, um dann entspannt zum Flughafen fahren zu können. Das Wichtigste ist schließlich, dass wir einen groben Fehler vermeiden: hungrig zum Flughafen fahren. Die übliche Fast-Food-Auswahl an Flughäfen wird sich seit meinem letzten traumatischen Erlebnis in Madrid nicht verbessert haben. Laut der Rezeptionistin gibt es keine öffentliche Verbindung zum Flughafen. Wir machen uns keine Mühen und glauben ihr einfach, auch wenn sie garantiert Kommission kassiert für das Taxi, das sie uns bestellt. Ein letztes Mal die typischen Taxifahrerfragen an Touristen beantworten. Ja, das Essen in Kolumbien ist großartig. Ja, viel Schnee in Austria – nein, nein, nicht Australia. Und dann erreichen wir diesen aus jedem kulturellen Kontext gehobenen Nicht-Ort, Airport Egal-Wo. Wir sind dank meiner neurotischen Überpünktlichkeit viel zu früh da und können dadurch wenigstens die menschlichen Förderbänder in den langen Gängen vermeiden, die mir zutiefst zuwider sind. Gemeinsam mit hundert anderen Reisenden warten wir am noch geschlossenen Check-in-Schalter unserer Billigairline. Nach dem üblichen Kontroll-Hürdenlauf, wo Tom sein einziges Feuerzeug abgeben muss, sitzen wir am Gate und trinken miesen Kaffee aus Pappbechern. Immerhin kein Cappuccino Freddo von Starbucks, aber immer noch der enttäuschende Geschmack, der zum Ambiente eines Flughafens passt. Ich realisiere noch nicht ganz, dass wir diesen Kontinent nun verlassen werden. Monatelang hatte ich das Gefühl, nicht richtig angekommen zu sein, wieder weg zu wollen, und nun fühlt es sich falsch an, schon abzureisen. Mir geht das alles plötzlich viel zu schnell. Ich bräuchte noch Jahre, um die Länder, die ich hier bereist habe, wirklich zu verstehen, geschweige denn, um den ganzen Kontinent kennenzulernen.

Als wir endlich in den Flieger steigen, bin ich völlig geschlaucht, obwohl wir eigentlich den ganzen Tag bloß sitzend oder stehend gewartet haben. Endlich hebt das Flugzeug ab. Die Frau, die neben mir sitzt, ist riesig. Und hat Mundgeruch. Jackpot, ich habe tatsächlich für meinen letzten Flug das Sitznachbarnklischee gewonnen. Das macht den Abschied von dieser Art zu reisen nur leichter. Immerhin ist das Filmangebot gut. Tom schläft schon, was clever ist, denn er wirkt so dem Jetlag entgegen. Ich hingegen schaue die halbe Nacht hindurch Filme und bin ganz gerädert, als wir in Madrid aussteigen. Hier ist es Mittag, in unseren Köpfen erst sieben Uhr früh. Die Einreise in die EU ist faszinierend simpel – zumindest für uns, dank europäischem Pass. Dann tue ich das, was ich Tom seit Tagen ankündige: Ich kaufe mir ein Joghurt. Ein echtes Joghurt. Und freue mich einfach nur, zu Hause zu sein. Im Gegensatz zu meiner Anreise nach Peru vor sieben Monaten bin ich diesmal weniger motiviert für langwierige Bus- und Zugfahrten von Madrid nach Österreich. Unser Weiterflug nach München wartet schon, und es gelingt mir während der ganzen Rückreise, mich selbst für diese Faulheit nicht zu verachten. Es wird mein letzter Flug innerhalb von Europa sein, das verspreche ich mir. Bald darauf landen wir in München, inzwischen tragen wir zwei Kleiderschichten mehr als noch in Kolumbien. Während wir auf unser Gepäck warten, entdecke ich das hauseigene Werbeblatt des Flughafens München, das überall aufliegt. Die Headline, die darauf prangt, macht mich unweigerlich neugierig: »Wie grün kann ein Flughafen sein? Was der Münchner Airport leistet, um Deutschlands erster klimaneutral betriebener Flughafen zu werden.«[26] Was ich in dem Blatt lese, ist wirklich lächerlich. Da stehen Überschriften wie

---

26 Motion. Die Zeitung des Fluhafens München, Februar 2018

»Flughafen München ist Klassenbester beim Klimaschutz«, »Neue Wege, um am Flughafen München CO_2-Ausstoß zu reduzieren«, »Wie Fliegen grüner werden kann« und »So fliegen Sie klimaneutral«. Ich schüttle den Kopf und zeige das Greenwashing-Propagandablatt Tom. »Das ist doch wie, wenn ein Schlachthof damit wirbt, eine rein vegetarische Kantine für die Mitarbeiter zu betreiben.« Egal wie viele Photovoltaikanlagen ein Flughafen installiert, er bleibt ein Flughafen – Heimat der größten CO_2-Ausstoßquellen der Welt. Mit diesem Gedanken nehme ich meinen Rucksack vom Förderband und verabschiede mich vom Lebensstil der Flugreisenden. Werde ich das durchhalten? Ich bin entschlossen, bei meiner Entscheidung zu bleiben. Nach so vielen Reisen in so kurzer Zeit muss es für mich doch einfach sein, in Zukunft darauf zu verzichten.

AUSPACKEN

HEIMKOMMEN

Es ist ein schönes Gefühl, nach Hause zu kommen, wenn auch jedes Mal ein bisschen seltsam. Wir treten in vertraute Räume ein und begegnen vertrauten Gesichtern, die wir lange nicht gesehen haben. Das tut gut und irritiert mich gleichzeitig: Sollte nicht irgendetwas Großes passieren, sich das Licht auf der Bühne schlagartig verändern oder die Hintergrundmusik mit einem merklichen Tusch ganz anders werden? Obwohl dieser Moment in meinem Kopf ein Wendepunkt sein sollte, fühlt es sich nicht so an – alles plätschert vertraut und gewohnt dahin. Meine Mutter gibt mir den Rest, als sie, nachdem ich den Mantel in der Garderobe meines Elternhauses abgelegt habe, ernsthaft fragt: »Und, wie war's?« So als käme ich gerade aus dem Kino. Ich fühle mich nicht, als wäre ein Kapitel oder Lebensabschnitt beendet, nein. Ich bin noch dieselbe wie gestern in Kolumbien. Meine Ziele und Prioritäten sind heute dieselben wie gestern oder vor einer Woche. Weil Tom und ich erst eine neue Wohnung finden müssen, sind wir in der Zwischenzeit weiterhin Reisende, Getriebene. Trotz der Rückkehr fühle ich mich immer noch ein bisschen heimatlos.

* * *

Erst in den folgenden Tagen spüre ich, dass jetzt eine neue Phase in meinem Leben beginnt. Inwiefern ich mich in

den vergangenen Monaten verändert habe, werde ich in nächster Zeit Stück für Stück bemerken – in Gesprächen, beim Wiedersehen mit meinen Freunden und in Alltagssituationen. Doch das ist in Wahrheit nichts Besonderes, denn ich weiß inzwischen: Ich hätte mich auch verändert, wenn ich nie weggegangen wäre. Abreise und Rückkehr geben uns nur Anlass, uns bewusster mit diesen Veränderungen auseinanderzusetzen. Reisen wir auch deshalb – für das Gefühl, nach Hause zu kommen? Um das Vertraute wieder zu schätzen und um uns unserer eigenen Entwicklung überhaupt bewusst zu werden? Ich habe wirklich den Eindruck, vieles nun klarer zu sehen als vorher: Wer mir immer noch vertraut ist, wer mir fremd geworden ist, welche Ängste ich abgelegt habe und welche mich weiterhin begleiten. Ich bemerke, wen ich beim Geschenkekauf vergessen und für wen ich mehrfach eingekauft habe. Ich verschenke Dinge, die ich unterwegs eigentlich für mich selbst gekauft habe. Beim Anblick der Unmengen an daheim in Schachteln wartenden, längst verdrängten Habseligkeiten habe ich plötzlich das Gefühl, viel zu viel Zeug zu besitzen. Tom hat, genauso wie ich, ständig das Gefühl, unglaublich viel erledigen zu müssen. Dann sitzen wir beide ratlos an unseren Schreibtischen, weil uns nichts einfällt oder weil wir einfach nicht wissen, wo wir anfangen sollen. Das Sortieren der Fotos und Auswählen der »Highlights« ist eine Qual. Es gelingt mir nicht recht und muss doch bald erledigt werden, schließlich wollen alle beim ersten Treffen Bilder sehen. Das, was wir jetzt von Südamerika zeigen und erklären wollen, den Alltag und das, was bestehenden Klischees entgegenwirkt, findet sich kaum unter unseren Fotos, stellen wir enttäuscht fest. Nur die Postkartenmotive herzuzeigen, erscheint uns verlogen. Das Erzählen von »dort drüben« wird zum Hürdenlauf mit meinen eigenen Werten. Den Großeltern kann ich die Dimensionen sowieso nur begrenzt nahebringen, zu fest sitzen bei ihnen Vorstellungen von Fremdheit, Armut und Kriminalität. Am leichtesten zu erzählen sind die Erfahrungen, die wir bei gebuchten Touren gemacht haben. Die vorgekauten Sätze der Guides kommen mir leicht und mit Überzeugung über die Lippen – von Minenarbeitern, mineralhaltigen Lagunen und so weiter und so fort. Kaum in Worte zu fassen sind selbst beobachtete, schwerer einordenbare Momente und komplexe Persönlichkeiten, die nicht als Guide eine überspitzte Rolle eingenommen haben. Vieles, was mir bis zuletzt in Südamerika nicht sonderlich gefiel, beginnt sich bereits zu verklären. Ich denke schon ganz sentimental an die Salsa-Abende, vergesse bereits die nervtötenden Phasen und die Momente voller Ärger. Mich bedrückt das Wintergrau hier und so manches Gespräch strengt mich an. Ich schimpfe mit mir selbst. »Warum hast du dich dort nicht öfter gefreut an den schönen Dingen und dir auch bewusst gemacht, welchen mühsamen Verpflichtungen zu Hause du gerade entgehst?« So sind wir Menschen, es ist abstrus. Doch ich lerne auch dazu und nehme vieles bewusst und dankbar wahr, zumindest in den ersten Tagen. Ich höre mir im Bus amüsiert Gespräche an, in denen es um lächerliche Wohlstandssorgen hierzulande geht, genieße das Essen und bestaune die sanft fallenden Schneeflocken. Ich lausche nachts der Ruhe rund um das Haus und atme tagsüber tief die klare, kalte Luft ein. Warum fällt es uns so schwer, das alles ohne große Reisen zu bemerken? Wir machen es uns selbst oft wirklich nicht leicht, glücklich zu sein. Dabei könnte es so einfach sein.

* * *

Seit ich wieder in Österreich bin, verfolgt mich der Flugwahn unserer Gesellschaft. Die Freundin eines Freundes fliegt für einen Monat nach Neuseeland, meine Arbeitskolleginnen reisen nach Irland und Portugal, meine frühere Chefin besucht ihre Tochter im Praktikum und fliegt für zwölf Tage nach Bali. Selbst die Ökologiestudentin, die ich in Wien kennenlerne, fliegt nach Finnland, weil ihr Freund dort gerade dank Erasmus studiert. Ihre Mitbewohnerin war soeben für zwei Monate in Nicaragua und ist immer noch wie berauscht von den Erfahrungen, die sie dort gemacht hat. Toms Studienkollege fliegt von seinem Austauschjahr in Madrid zu Ostern heim. Mein Vater plant natürlich ebenfalls seine nächste Reise, nach Guatemala. Ein anderer Freund kehrt aus Frankreich wegen einer Beerdigung per Flieger zurück. Manche Flüge erscheinen mir von außen betrachtet vielleicht legitimer als andere, schlussendlich kann ich aber jedem Reiseplan, von dem ich höre, etwas abgewinnen. Wenn es ins Gespräch passt, erzähle ich von meinem Vorsatz oder hake nach, ob die eine oder andere Reise auch ohne Flugzeug möglich wäre. Kampflustige Aussagen lasse ich weg. Man wandelt nur das, was man annimmt. Ich freue mich ehrlich mit den Menschen über ihre Reisevorhaben und Erlebnisse. Gleichzeitig nagt innerlich an mir die Frage: Wo sollen wir die Grenze ziehen? Wo sollen wir anfangen, etwas zu ändern? Denn das müssen wir, ohne Zweifel. Mein Verständnis endet bei dämlichen Botschaften, die uns Zeitschriften vermitteln. Am Kiosk fällt mir die »Woman« ins Auge, auf deren Titelblatt zwei Themen angekündigt werden: »Gönn dir ... NIX! Verzicht ist der neue Luxus.« Und darunter: »Eat. Love. Leave! Ein Jahr auf Weltreise – das Beste, was mir je passiert ist!« Kapiert denn außer mir hier niemand die Widersprüche, in die wir uns andauernd verstricken? Manchmal ist es zum Aus-der-Haut-Fahren. Dass meine eigenen Erzählungen wahrscheinlich noch mehr Fernweh provozieren, ärgert mich ebenfalls. Egal wem gegenüber ich erwähne, dass ich in den letzten Monaten viel gereist bin, jede einzelne Person ist beeindruckt, wenn nicht sogar neidisch. Wer kann, hält mit eigenen Reiseerfahrungen »dagegen« und lässt durchklingen, dass man selbst diese Länder bereits bereist hat. Einer Sache bin ich mir inzwischen sicher: Große Reisen dienen vor allem unserem Ego. Das Notwendige an Horizonterweiterung und Perspektivenwechsel, um ein zufriedener, nützlicher Teil unserer Gesellschaft zu sein, kann ich im Umkreis von 1500 Kilometern genauso erlernen. Der Rest dient unserem eigenen Spaß, der Angeberei, dem Abenteuersinn, der Flucht vor Problemen und Sorgen sowie unserem Irrglauben, als besonderes Individuum außergewöhnliche Erfahrungen zu verdienen. Würde jede Ameise so denken, dann wären die Ameisen längst ausgestorben. Warum nicht einfach einmal genießen, ein kleines Zahnrädchen im großen Uhrwerk zu sein? Warum nicht öfter das Unliebsame im Alltag als Teil des großen Uhrwerks betrachten? Nach monatelangem Egotrip kann ich mir jetzt nichts Schöneres vorstellen, als eine von vielen Ameisen zu werden, die mitwirkt, anstatt sich ihren eigenen Weg zu bahnen. Doch wie lange wird das anhalten? Ist mein Reisegeist tatsächlich gebrochen oder bin ich nur für den Moment übersättigt? Ich muss an einen Freund aus meiner Studienzeit denken, der mir einmal stolz erzählte, er werde alleine mit einem Kanu eine Flussreise machen, jeden Tag am Ufer zelten und auf diese Art ökologisch, genügsam und auf der Suche nach innerem Frieden zwei Wochen unterwegs sein. Nach vier Tagen brach er die Tour ab und fuhr mit dem Zug zurück nach Hause. Als wir uns trafen, meinte er, es wäre sehr langweilig gewesen. Er habe festgestellt, dass er bereits mit sich im Reinen sei und keine weiteren zehn Tage im Kanu nötig habe. Ich habe darauf nicht geantwortet, was ich mir eigentlich dachte. Unweigerlich fiel mir damals die Geschichte vom Zenmeister

ein, der zu seinem Schüler sagte: »Wenn etwas nach zwei Minuten langweilig ist, so mache es vier Minuten lang. Wenn es nach vier Minuten noch langweilig ist, so mache es acht Minuten lang. Wenn es nach acht Minuten immer noch langweilig ist, so mache es sechzehn Minuten lang, und so weiter, bis es nicht mehr langweilig ist.«

* * *

Während ich auf dem Balkon unserer neuen Wohnung sitze und auf die Berggipfel rund um mich blicke, fällt mir ein Moment aus diesem vergangenen Reisejahr ein, der mich besonders beeindruckt hat. Es war irgendwo in den Anden, auf einer Hütte auf über 4500 Höhenmetern. Wir waren zu fünft unterwegs, die anderen vier waren ausgerüstet, um am nächsten Tag einen Gletscher zu besteigen. Ich hatte mich entschieden, mich mit der bisher erreichten Höhe zu begnügen und einen Tag auszusetzen. Ich befürchtete, die Entscheidung später zu bereuen und einen furchtbar einsamen und langweiligen Tag auf der Hütte zu verbringen, während die anderen ihre Grenzen am Gletscher austesteten. Als ich morgens aus dem Zelt kroch – die anderen vier waren seit Stunden unterwegs – und mich in die Hütte zum Frühstücken begab, traf ich auf eine peruanische Schulklasse, die mit ihrem Lehrer einen Ausflug hierher gemacht hatte. Die Kinder waren natürlich sehr neugierig auf die Gringa. Ich spielte mit ihnen ein paar Brettspiele, dann unterhielt ich mich mit dem Lehrer, der mir aus seiner Jugend in einem abgeschiedenen Bergdorf erzählte, von harten Lebensbedingungen und tagelangen Barfußmärschen durch die Anden. Als die Gruppe wieder abreiste, lernte ich wenig später den Hüttenwirt näher kennen, einen jungen Italiener, der mit dem Schiff über den Ozean nach Südamerika gekommen war und nunmehr die zweite

Saison ehrenamtlich diese Hütte bewirtschaftete. Fasziniert hörte ich seinen Erzählungen zu. Als die letzten Gäste des Tages gegangen waren, schauten wir uns gemeinsam mit dem Koch einen Film auf seinem alten Laptop an. Es war ein furchtbar mieser Streifen, aber wir lachten viel, und als meine Freunde völlig erschöpft von ihrer Gletschertour zurückkehrten, fanden sie uns in der Hütte mit Popcorn auf der Couch lümmelnd vor. Es war offensichtlich, dass meine Sorge unbegründet gewesen war, im Gegenteil: Ich hatte begriffen, was ich alles gewinnen kann, wenn ich hin und wieder stehen bleibe anstatt weiterzueilen. Es gibt dieses bekannte »Passion Statement«, auf dem unter anderem steht: »Travel often. Getting lost will help you find yourself.« Ich habe inzwischen kapiert, dass die Quintessenz nicht in »Travel often«, sondern in »Get lost!« liegt. Wer wagt es denn heute auf Reisen wirklich noch, sich zu verlaufen, einmal planlos zu sein oder ohne besondere Vorhaben an einem Ort zu verweilen? Ich selbst habe es in den letzten Monaten nur selten geschafft. Doch egal wie viele Kilometer ich hinter mich bringe: Solange ich alles durchplane, werde ich mich nicht verlaufen. Die Kunst besteht darin, auf kürzeren Distanzen weniger »travel« und dafür mehr »getting lost« zu erreichen. Tom und ich wollen diesen Sommer mit dem Fahrrad durch Österreich fahren, alte Freunde besuchen und neue Orte entdecken. Ich bin noch nie so weit mit dem Rad gefahren und noch nie mit so eingeschränktem Gepäck gereist. Bis jetzt fällt es mir nicht schwer, ohne Flüge zu leben. Ob das auch so bleibt? Dafür habe ich all das aufgeschrieben. Mit jeder Person, die meine Geschichte erfährt, gehe ich ein weiteres Versprechen ein. Ich bleibe am Boden.

EPILOG

Nur neun Monate später bin ich wieder am Flughafen. Neben mir im Café sitzt ein Pärchen. Ihr Dialekt lässt vermuten, dass sie aus Ober- oder Niederösterreich kommen. Sie sprechen aber nicht miteinander, sondern jeder in sein Smartphone. So erfahre ich, dass die beiden in die Karibik fliegen, für eine Woche. Er verspricht der Person am anderen Ende der Leitung, »etwas Schönes für dich« mitzubringen. Sie versichert jemandem, dass sie bestimmt Fotos über WhatsApp schicken werde. An den anderen Tischen sitzen viele mit Laptop, manche skypen. Kosmopoliten. Ist das ein Kompliment? Wenigstens habe ich mich anstelle von Starbucks diesmal für ein »Organic Bistro« entschieden. Auf den Bildschirmen läuft immer noch die Flughafen-München-Kampagne für ihr Klimaschutzbemühen. Und ich? Der Täter kehrt immer nochmals an den Tatort zurück. Ich war so enttäuscht von mir, als ich es nicht schaffte, meinem neuen Arbeitgeber diesen Flug auszureden oder zumindest mein eigenes Mitfliegen abzuwehren. Tom hat mich heute zum Abschied getröstet, dass sonst eben jemand an meiner Stelle mitgeflogen wäre.

»Ein schwaches Argument, findest du nicht?«, meinte ich daraufhin nur.

Tom nahm mich in den Arm und sagte: »Jetzt hast du zwar aufgehört, alle anderen für ihre Fliegerei zu verurteilen, aber mit dir selbst bist du genauso streng wie eh und je.«

Dieser Satz hallt in meinem Kopf nach, während ich zum Gate gehe und beginne, mich auch ein kleines bisschen auf den Tapetenwechsel zu freuen.

Die Welt ändert sich nicht von heute auf morgen.

Kein Grund, aufzugeben.

GLOSSAR

No tengo ... pero no necesito eso, no?: Ich habe nicht ... aber das brauche ich nicht, oder?

Après avoir fait le tour du monde, tout ce qu'on veut c'est être à la maison: Nachdem man um die Welt gereist ist, will man einfach nur zu Hause sein.

Na he, des gibts jo jetzt echt ned, oda?: Na so was, ist das wirklich wahr?

para no molestar a los gringos: um die Touristen nicht zu stören

No somos uno, no somos dos, hoy somos todos!: Wir sind nicht einer, wir sind nicht zwei, heute sind wir alle!

Sin bolsa, por favor: Ohne Sackerl, bitte.

al sur: Richtung Süden

Está basura. Bótalo!: Das ist Schrott (wörtlich: Müll). Wirf es weg!

Suerte!: Viel Glück!

No te preocupes, continuaré visitándote aqui!: Keine Sorge, ich werde dich weiterhin hier besuchen!

Ici!: Hier!

I have been here for more than a month now and besides two meetings to prepare the workshops, nothing has been done so far: Ich bin seit über einem Monat hier und außer zwei Treffen zur Planung der Workshops ist noch genau nichts passiert.

mi amor: mein Lieber, meine Liebe

Selva Central: zentraler Regenwald, Region in Peru

colono: Kolonist

mi hermano: mein Bruder

Ejército del Perú: Peruanische Armee

Tiene una multa: Sie müssen eine Strafe zahlen.

Sí, lo sé: Ja, ich weiß.

Está cerrado hoy: Es ist heute geschlossen.

Día de la Inmaculada Concepción: Mariä Empfängnis
para sacar fotos: um Fotos zu schießen
niños de cristal: Menschen mit der Glasknochenkrankheit, wörtlich: Kinder aus Glas
Quedamos muy impresionados de cómo manejan su vida: Wir sind sehr beeindruckt davon, wie ihr euer Leben meistert.
Porqué no?: Warum nicht?
Somos de Austria: Wir sind aus Österreich.
queridos: meine Lieben
I wohn scho so lang in Ecuador, abr i han noch NIE jemanden us Vorarlberg do troffa!: Ich wohne schon so lange in Ecuador, aber ich habe noch NIE jemanden aus Vorarlberg hier getroffen!
para Margarita: für Margit
la Mitad del Mundo: die Mitte der Welt
artesano: Kunsthandwerker
You know, many people think life is good in the US. But it's tough, believe me. A lot tougher than in South America: Weißt du, viele Menschen denken, dass das Leben in den USA gut ist. Aber es ist hart, glaub mir. Viel härter als in Südamerika.
Lo mejor del mundo: das Beste der Welt
Bienvenidos en Colombia!: Willkommen in Kolumbien!
independent traveller: unabhängig Reisender
Corruptos, los políticos: Alle korrupt, die Politiker.
Dos cervezas, por favor: Zwei Bier bitte.

ZUM LESEN, SEHEN UND HÖREN

Coates, Ta-Nehisi: *Between the world and me*, Spiegel & Grau, USA 2015. (Die deutsche Übersetzung: *Zwischen mir und der Welt.* Hanser Berlin, 2016.)

Johnson, Bea: *Zero Waste Home: The Ultimate Guide to Simplifying Your Life by Reducing Your Waste*, Scribner, USA 2013. (Die deutsche Übersetzung: *Zero Waste Home. Glücklich leben ohne Müll!, Reduziere deinen Müll und vereinfache dein Leben*, Verlag Ludwig, Kiel 2016.

Kieran, Dan: *Slow Travel. Die Kunst des Reisens*, Rogner & Bernhard, Berlin 2013.

Saint-Exupéry, Antoine de: *Der kleine Prinz*, Anaconda, Köln 2015.

The Salt of the Earth (Das Salz der Erde), ein Film von Wim Wenders. Frankreich, Brasilien 2014.

What is the mobility turn? – John Urry im Interview: www.youtube.com/watch?v=G22hDmpfELk. Abgerufen am: 2.12.2019

The treat hanging over our global travel – John Urry im Interview: www.youtube.com/watch?v=9hsXavy2dyE. Abgerufen am: 2.12.2019

Narcos, Serie von Netflix. USA 2015–2017.

Rether, Hagen: *Liebe.* Kabarett mit Klavier. Kabarettprogramm, seit 2003.

Kling, Marc-Uwe: *Die Känguru-Trilogie*, Hörbücher. Hörbuch Hamburg 2012–2014.

»Ein schillerndes Panoptikum, das bis in die Herzen reicht.«
Christa Nebenführ, Buchkultur

Margit Mössmer
Palmherzen
Roman

Willkommen in Quinindé im Nordwesten Ecuadors! Alles kreist hier um den Arzt und Fabrikleiter Jorge Oswaldo Muñoz, der mit seiner Frau Julia die Palmherzenfabrik leitet und für alle ein offenes Ohr hat. Jorges Vater hat seine besten Tage längst hinter sich. Das Hausmädchen Bélgica muss sich mit ihrem Zuckerrohrschnaps trinkenden Mann herumplagen. Die verschrobene Tante Catita streckt heimlich Cola mit Rum und trauert ihrem glamourösen Leben mit einem Gangster hinterher, und der Ananaskönig Zorro gerät an gefährliche Hühnerdiebe.

Palmherzen führt uns in die *Mitad del Mundo* – die Mitte der Welt –, in eine Familiengeschichte voller Magischem Realismus im Herzen Ecuadors.

248 Seiten, gebunden mit Schutzumschlag und Lesebändchen
22 Euro, ISBN: 978-3-99065-004-2

»Ein behutsamer, humanistischer Roman und eine neue Perspektive auf die Menschen, die den gefährlichen Weg aus Afrika nach Europa antreten«
stadtbekannt

Gerhard Deiss
Rückkehr nach Europa
Roman

Die Route de la Corniche erstreckt sich über die gesamte Küstenlinie im Westen der senegalesischen Hauptstadt Dakar. Europäer verschlägt es öfter hierher, doch Mamadou, wie ihn die Einheimischen nennen, ist schon längst kein Tourist mehr – mal ist er hier als Bettler, mal als Straßenverkäufer unterwegs. Sein altes Leben hat er hinter sich gelassen, Europa scheint aus seinem Gedächtnis verbannt zu sein. Doch dann überschlagen sich die Ereignisse und er muss Afrika verlassen.

Seine Rückkehr nach Europa tritt Mamadou mit seiner Freundin Coumba in einem Fischerboot an. Während der gefährlichen Reise lernt er die anderen Passagiere und ihre bewegenden Geschichten kennen.

152 Seiten, gebunden mit Schutzumschlag und Lesebändchen
18 Euro, ISBN: 978-3-99065-005-9

»Vielen Dank allen, die mich auf dieser Reise ertragen und unterstützt haben – insbesondere Barbara, Berni, Monika, Tom, Sarah und Jorghi. Mein größter Dank gilt jenen, die ihre Gedanken und Geschichten mit mir geteilt und damit dieses Buch erst möglich gemacht haben.«

Erste Auflage

www.editionatelier.at
Cover & Satz: Jorghi Poll
Korrektur: Philipp Rissel
Druck: Gugler GmbH, Melk/Donau
ISBN 978-3-99065-027-1
E-Book ISBN 978-3-99065-032-5

CERTIFIED cradletocradle SILVER

greenprint* klimapositiv gedruckt

Mit freundlicher Unterstützung des Landes Tirol und der Kunstförderung des Bundeskanzleramtes Österreich.

LAND TIROL

BUNDESKANZLERAMT ÖSTERREICH
KUNST